"十四五"时期国家重点出版物出版专项规划项目

先进制造理论研究与工程技术系列

AutoCAD 2021 工程制图教程

Eessentials of AutoCAD 2021 Engineering Drawing

马海健　周桂云　主编

U0222750

哈尔滨工业大学出版社

HITP HARBIN INSTITUTE OF TECHNOLOGY PRESS

内 容 简 介

本书是编者根据多年从事工程制图和计算机绘图课程教学的经验编写而成。本书以 AutoCAD 2021 中文版为平台,以大量实例由浅入深、系统全面地介绍了使用 AutoCAD 2021 进行工程图辅助绘制的各种知识。

本书共分为 10 章,内容包含 AutoCAD 基础知识、常用绘图命令、精确绘制图形、平面图形的编辑、图层与对象特性、文字注写与创建表格、尺寸标注、图块及其属性、工程制图综合应用——零件图和装配图绘制。

本书内容丰富,结构清晰,系统性强,充分考虑教学需求,适合作为高等院校机械类和近机类计算机辅助绘图课程的教学用书,同时也可作为工程技术人员的学习和参考用书。

图书在版编目(CIP)数据

AutoCAD 2021 工程制图教程/马海健,周桂云主编
. —哈尔滨:哈尔滨工业大学出版社,2022.10(2024.9 重印)
ISBN 978－7－5767－0309－2

Ⅰ.①A… Ⅱ.①马… ②周… Ⅲ.①工程制图—
AutoCAD 软件—教材 Ⅳ.①TB237

中国版本图书馆 CIP 数据核字(2022)第 198056 号

策划编辑 许雅莹
责任编辑 李长波 谢晓彤
封面设计 刘 乐
出版发行 哈尔滨工业大学出版社
社 址 哈尔滨市南岗区复华四道街 10 号 邮编 150006
传 真 0451－86414749
网 址 http://hitpress.hit.edu.cn
印 刷 哈尔滨市工大节能印刷厂
开 本 787mm×1092mm 1/16 印张 12 字数 285 千字
版 次 2022 年 10 月第 1 版 2024 年 9 月第 2 次印刷
书 号 ISBN 978－7－5767－0309－2
定 价 32.00 元

前　　言

　　AutoCAD计算机辅助设计软件由于简便易学、适应性强、易于二次开发,已被广泛应用于机械、建筑、电子、园林、服装以及航空航天等行业,熟练地运用 AutoCAD 绘图软件进行工程图绘制已成为工程技术人员的基本素养。

　　本书根据 AutoCAD 2021 中文版的功能与特征,结合编者多年教学经验,全方位介绍了使用 AutoCAD 2021 进行各类机械图的绘制方法、流程和技巧。全书共分为 10 章,内容包括 AutoCAD 基础知识、常用绘图命令、精确绘制图形、平面图形的编辑、图层与对象特性、文字注写与创建表格、尺寸标注、图块及其属性、工程制图综合应用——零件图和装配图绘制等。

　　本书主要特色如下。

　　(1)考虑机械类和近机类专业应用型本科的 CAD 教学需求,将 AutoCAD 软件操作与工程制图教学有机结合,尽量避免讲述与工程图无关的参数设置,结合大量实例操作讲解的方式来增强工具软件的简单易学性。书中结合工程制图教学需要,提供了大量机械制图实例以及专业的绘图规范,使读者在学习软件的同时,更好地了解和掌握我国机械制图国家标准和绘图规范。

　　(2)紧紧围绕使用 AutoCAD 绘制齿轮油泵机械图样展开,从齿轮油泵各零件图的表达及画法,尺寸标注和技术要求的注写,到最后完成齿轮油泵装配图的拼装绘制,各章节之间相互补充,使内容讲解循序渐进,便于教学。

　　(3)注重在使用新版本的 AutoCAD 平台讲述的同时,所列图样样例也符合最新的国家标准,同时尽量少涉及老版本中的一些工具,如下拉菜单和工具栏的讲述,使读者更快适应新版本的特色。

　　本书由马海健、周桂云主编。马海健编写第 1 章、第 2 章、第 4 章、第 5 章、第 9 章、第 10 章,周桂云编写第 3 章、第 6 章、第 7 章,神祥博编写第 8 章。全书由马海健统稿。

　　本书在编写过程中参考了有关文献资料,在此谨向这些文献的作者致以衷心的感谢。

　　由于编者水平有限,书中难免有疏漏之处,希望广大读者批评指正。

编　者
2022 年 5 月

目　　录

AutoCAD 基础知识

　　计算机绘图是指工程技术人员借助计算机软件辅助完成产品工程图的设计、生成、处理、存储和显示，并在计算机控制下由图形输出设备实现图形的输出打印，是计算机辅助设计(Computer Aided Design，CAD)重要的一环，是后续制造及分析的基础。从 20 世纪 90 年代末，国家科委就开始实施"甩图板工程"，经过几十年的发展，计算机辅助工程图样的绘制已广泛应用于我国工业企业的各个部门，成为工业生产尤其是机械行业中不可缺少的重要环节，熟练地运用计算机绘图软件进行工程图绘制已成为工程技术人员的基本素养。

1.1　AutoCAD 软件简介

　　AutoCAD 是美国 Autodesk 公司推出的通用计算机辅助设计软件包。由于它易于使用、适应性强(可用于机械、建筑、电子、园林、服装以及航空航天等行业)、易于二次开发，而成为当今世界应用最广泛的 CAD 软件包之一。

　　从 1982 年问世至今的 40 年中，AutoCAD 从最早的 V1.0 版到现在的 AutoCAD 2021 版已进行了近 30 次更新。其中，R12 以前版本是 for DOS 版，AutoCAD 2000 后改为完全 for Windows 版本，以方便在 Windows 平台上进行绘图和设计工作。AutoCAD 2021 是 Autodesk 公司在前期版本的基础上，根据客户反馈，在调查和分析数据的基础上进行的最新升级版。2021 版对某些对象编辑命令进行了简化，如修剪、延伸和修订云线命令等；对某些功能进行了增强，如对块选项板进行了功能增强，可更加方便地访问块；为适应平板电脑图形绘制，对触摸功能进行了增强，如触摸平移缩放、框选和退出等；为抵御网络威胁，对软件安全性进行了增强。另外，新版本还对 AutoLISP 开发平台进行了改进，使 AutoCAD 的开发环境更加优化。

1.2　AutoCAD 软件的主要功能

　　AutoCAD 是一种交互式通用计算机辅助设计软件，可高效地进行二维、三维图形的绘制和软件二次开发。

1.2.1　图形绘制和编辑功能

输入命令及参数可进行二维工程图的绘制和编辑以及构造三维实体模型。

1.2.2　图形显示及输出功能

可实现图形在屏幕上的显示,以及在打印机和绘图仪器上的高质量输出。

1.2.3　二次开发功能

AutoCAD 是开放性体系结构,可运用内部编程语言 AutoLISP、C 和 VB 等编程语言进行二次开发。

1.2.4　数据交换功能

提供 DXF 数据输出格式,便于和其他图形系统或 CAD/CAM 系统交换数据。

1.3　AutoCAD 2021 的启动与退出

1.3.1　启动 AutoCAD 2021

启动 AutoCAD 2021 有以下方式。

(1)AutoCAD 2021 安装完毕后,在 Windows 桌面上将添加一个快捷方式，双击该快捷方式图标即可启动 AutoCAD 2021。

(2)双击已有的 AutoCAD 图形文件(＊.dwg)可启动 AutoCAD 2021 并打开该文件。

1.3.2　退出 AutoCAD 2021

退出 AutoCAD 2021 有以下方式。

(1)单击 AutoCAD 2021 界面右上角的关闭按钮，退出 AutoCAD 2021 程序。

(2)在命令行中输入“Quit”或“Exit”后按＜Enter＞键,退出 AutoCAD 2021 程序。

1.4　AutoCAD 2021 的操作界面

AutoCAD 2021 针对不同的领域提供了三种不同的工作空间,分别是草图与注释、三维基础和三维建模工作空间。每种工作空间具有不同的界面,从而满足不同的需求。单击状态栏右侧的工作空间图标　右侧下拉箭头,从弹出的菜单中可切换选择工作空间。AutoCAD 2021 默认打开草图与注释工作空间。所谓采用系统默认方式是指按照系统已经设定好的参数进行操作,也可根据自己的喜好或需要重新修改设定系统参数。

草图与注释工作空间的操作界面主要包括视口控件、应用程序菜单按钮、快速访问工具栏、标题栏、信息中心、功能区、绘图区、导航工具、坐标系、模型/布局选项卡、命令行、状态栏等内容,如图 1.1 所示。

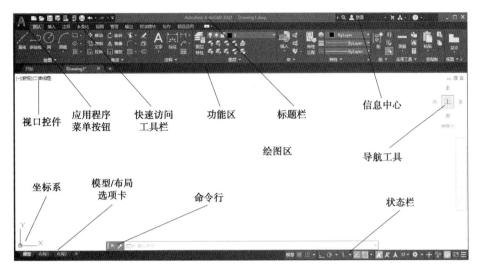

图 1.1　草图与注释工作空间的操作界面

1.4.1　标题栏

标题栏位于绘图操作界面的最上方正中间,显示 AutoCAD 的程序图标和当前正在执行的图形文件的名称。对未命名的文件,AutoCAD 默认文件名为 Drawing1、Drawing2、…、Drawing$n$,其中 n 由新文件数量而定。AutoCAD 支持多文档环境,可同时打开多个图形文件。

标题栏的右侧为搜索窗口、信息中心和收藏夹等按钮。在搜索框内输入指令,如直线命令,系统可根据相关提示快速搜索。标题栏的最右侧是程序的最小化、还原、关闭按钮。

1.4.2　功能区

标题栏下方为功能区,由多个选项卡和相应面板组成,如图 1.2 所示。选项卡包括"默认""插入""注释""参数化"等共 10 个,每个选项卡下包含多个面板,如"默认"选项卡下包括"绘图""修改""注释""图层"等面板。

图 1.2　功能区

默认情况下,功能区显示在窗口顶部。通过选项卡右侧的图标![icon],可设置及显示功能区最小化形式。右键单击任意选项卡,可以通过弹出的快捷菜单调整功能区的显示范围和功能。单击面板标题区,可展开该面板中的所有工具,图 1.3 所示为展开的"绘图"面板。单击![icon]按钮变为![icon],可固定该面板;单击![icon]按钮变为![icon],鼠标光标(简称光标)移到面板外面时,扩展面板可收回。

图 1.3　展开的"绘图"面板

1.4.3　菜单

(1)应用程序菜单按钮。

应用程序菜单按钮█位于标题栏的左上角,可用于搜索命令、访问常用工具及浏览文档,如图 1.4 所示。单击选项按钮可弹出"选项"对话框。

(2)默认情况下,AutoCAD 2021 不显示菜单栏。

可根据自己的绘图习惯自行打开。通过单击快速访问工具栏最右侧的下拉按钮█,在下拉列表中可控制显示或隐藏菜单栏。菜单栏位于标题栏的下方,由"文件""编辑""视图""插入""格式""绘图"等 12 个下拉菜单构成,每个主菜单下又包含级联子菜单,有些子菜单还包含下一级级联菜单。AutoCAD 2021 的所有绘图命令都可以通过下拉菜单中的命令实现。图 1.5 所示为"绘图"下拉菜单。

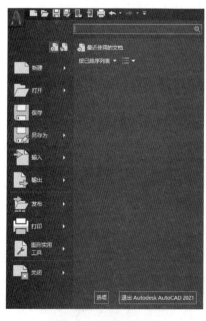

图 1.4　应用程序菜单　　　　　图 1.5　"绘图"下拉菜单

使用菜单进行操作时,应先将鼠标光标移动到所要选择的菜单项上,然后单击鼠标左键,弹出相应的菜单命令,移动鼠标光标到所需的菜单命令上,被选中的菜单命令将高亮显示,此时单击鼠标左键即可执行该命令。

提示如下。

①右侧带有"▶"符号的菜单项表示该项还包含下一级子菜单。

②单击带有"..."符号的菜单项,将打开一个与此命令有关的对话框,可按照此对话框的要求执行该命令。

③如果需要退出菜单命令的选择状态,则只需将光标移到绘图区,然后单击鼠标左键或按<Esc>键,菜单命令即消失,命令行恢复到等待输入命令的状态。

④右键快捷菜单。单击鼠标右键后,将在光标的位置或该位置附近显示右键快捷菜单。右键快捷菜单及其提供的选项取决于光标位置和其他条件,如是否选定了对象或是否正在执行命令。

图 1.6 所示为在绘图区和命令行单击鼠标右键时,屏幕上弹出的不同的右键快捷菜单。

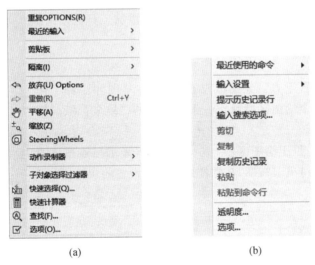

(a)   (b)

图 1.6 绘图区的右键快捷菜单和命令行的右键快捷菜单

1.4.4 工具栏

工具栏以工具按钮的形式列出了最常用的命令。AutoCAD 2021 包含以下几种工具栏。

1. 快速访问工具栏

快速访问工具栏位于应用程序窗口左上角,提供对常用文件管理命令的快速直接访问。单击后面的下拉按钮,可从下拉列表中添加或删除工具按钮。

2．工具栏

默认情况下，AutoCAD 2021 不显示工具栏，根据自己的操作习惯可将其打开。

（1）显示或关闭工具栏。

通过"工具"下拉菜单→"工具栏"→"AutoCAD"，或移动鼠标光标到任意工具栏图标上，单击鼠标右键，然后在"工具栏"菜单上勾选要显示的工具栏，如图1.7所示。单击工具栏上的按钮  可关闭该工具栏。图1.8所示为"绘图"和"修改"工具栏。

（2）移动工具栏。

使用鼠标可使浮动的工具栏在屏幕上自由移动。单击鼠标左键，按住工具栏的空白、间隙或标题栏，拖动工具栏到屏幕的任意位置，释放鼠标左键即可完成工具栏的移动。

（3）添加或删除工具栏按钮。

"视图"菜单→"工具栏"，在"自定义用户界面"对话框中，将命令列表中的命令拖到上面的相应工具栏上，即可添加工具栏按钮。

1.4.5　绘图区

绘图区在功能区下方。绘图区没有边界，在草图和注释工作空间状态下可将整个绘图区域看作一张无限大的二维坐标纸。绘图区包括三个部分。

图 1.7　工具栏菜单

（1）视口控件。位于绘图区左上方，选项卡将显示当前视口的设置。视口控制提供更改视图、视觉样式和其他设置的快捷方式。

图 1.8　"绘图"和"修改"工具栏

（2）导航工具。包括 ViewCube 工具和导航栏，如图1.9所示。通过它可以控制视图的方向或访问基本导航工具。导航栏的显示或隐藏，可通过"视图"选项卡→"视口工具"面板→"ViewCube"或"导航栏"实现。

（3）坐标系。绘图区左下方显示当前绘图状态所在的坐标系。AutoCAD 在默认情况下绘制新图形时将自动使用世界坐标系（WCS），其 X 轴是水平的，Y 轴是垂直的，Z 轴则是垂直于 XY 平面的。可根据需要设置用户坐标系（UCS）。

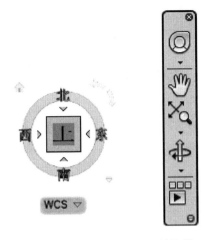

图 1.9　ViewCube 工具和导航栏

1.4.6　模型/布局选项卡

模型/布局选项卡 **模型** 布局1 布局2 ＋ 位于绘图区的左下方,可实现在模型布局(模型空间)和命名布局(图纸空间)之间切换。模型空间用于绘制二维图形或创建三维模型,图纸空间用于创建打印图形的布局。

1.4.7　命令行

命令行位于模型/布局选项卡的上方,主要用于输入命令,是绘图过程中用户与计算机交互的主要形式,如图 1.10 所示。命令执行后,命令行上方显示正在执行的命令及相关信息。使用<Ctrl＋9>组合键可关闭或显示命令行。注意在命令输入时,系统应该处于英文输入状态,否则系统会报错。

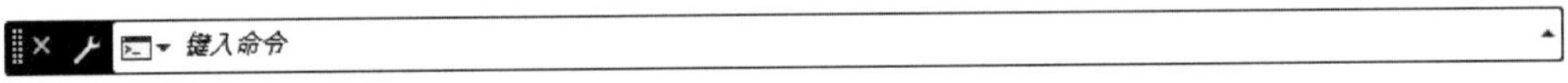

图 1.10　命令行

1.4.8　状态栏

状态栏位于操作界面的底部,显示图形坐标、绘图辅助工具以及影响绘图环境的工具等,如图 1.11 所示。

图 1.11　状态栏

从左至右状态栏中各功能按钮简介如下。

(1)图形坐标。显示光标当前所在位置的坐标。

(2)模型、布局按钮 模型。预览打开的图形和图形中的布局,并在其间进行切换。

(3)绘图辅助工具。绘图辅助工具包括栅格和捕捉、动态输入、正交模式、极轴追踪、等轴测、对象捕捉追踪、对象捕捉、显示/隐藏线宽等按钮。单击这些按钮可打开和关闭常用的绘图辅助工具,通过右键快捷菜单可打开"草图设置"对话框并更改这些绘图工具的设置。

(4)注释对象及注释比例 。显示注释缩放的若干工具。

(5)工作空间 。切换不同的工作空间。

(6)图形单位 。设置当前图形的图形度量单位和精度,详见 3.1.1 节。

(7)全屏显示 。将图形显示区域展开为仅显示标题栏、菜单栏、状态栏和命令行。再次单击该按钮可恢复先前的设置。

(8)自定义 。可通过该按钮显示或隐藏状态栏中的命令按钮。

1.4.9　选项板

选项板是在绘图区固定或浮动的界面元素,包括"工具选项板"、"特性"选项板和"块"选项板等,如图 1.12 所示。调用选项板命令有以下两种方式:"视图"选项卡→"选项板"面板或"工具"下拉菜单→"选项板"。

图 1.12　选项板

AutoCAD 软件默认创建了多个专业选项板,如"工具选项板"就包括公制或英制的螺钉、螺母、焊接符号等常用的机械图块,可以方便地将某一图块插入到当前图形。

1.5　AutoCAD 2021 操作基础

1.5.1　创建新的图形文件

创建新的图形文件有以下方式。

(1)开始绘制→创建名为 Drawing1.dwg 的新图形文件。

(2)单击快速访问工具栏的新建按钮 。

(3)单击应用程序菜单按钮 →"新建"→"图形"。

(4)在命令行中输入"NEW"或"QNEW"。

(5)"文件"下拉菜单→"新建"。

执行新建图形命令,系统弹出"选择样板"对话框,如图 1.13 所示。在"文件类型"下拉列表框中有 dwg、dwt 和 dws 三种文件扩展名格式。"＊.dwg"为 AutoCAD 图形文件

格式,一般绘制工程图都保存为此格式。"＊.dws"是 AutoCAD 标准文件格式,一般用于
在计算机辅助工程(CAE)过程中与其他软件进行数据交换。"＊.dwt"为图形样板格式,
样板图是指已设置一定绘图环境参数但未绘制任何实体的图形文件,类似于绘制好图框
和标题栏的标准图纸。可利用 AutoCAD 样板图已有的绘图环境开始绘图工作,也可根
据个人绘图需要将自己创建好的图形文件保存为图形样板格式。AutoCAD 自带的样板
文件通常保存在 AutoCAD 目录的 Template 子目录下。此时如果选择某个具体的样板
文件,如 acadiso.dwt,即用该样板创建一个新的空白文件,进入 AutoCAD 默认设置的二
维操作界面。

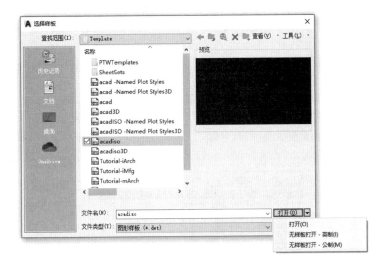

图 1.13 "选择样板"对话框

如果不想使用样板文件创建新图形,可单击打开按钮旁边的下拉箭头,选择列表中的
"无样板打开－公制"选项,如图 1.13 所示,即可快速创建一个公制单位的无样板绘图新
文件,进入二维操作界面。

1.5.2 保存图形文件

将绘制的工程图图形文件进行保存有以下方式。

(1)单击快速访问工具栏的保存按钮![保存图标]。

(2)单击应用程序菜单按钮![A图标]→"保存"或"另存为..."。

(3)"文件"下拉菜单→"保存"或"另存为..."。

(4)在命令行中输入"SAVE""SAVEAS"或"QSAVE"。

命令提示中各选项的功能如下。

(1)保存。当图形文件第一次被保存时,使用保存命令与使用另存为命令相同,系统
将打开"图形另存为"对话框,如图 1.14 所示。提示用户给图形指定一个文件名。如图形
已经保存过,则执行保存命令,系统会自动按原文件名和文件路径存盘。

(2)另存为。执行另存为命令后,系统将打开"图形另存为"对话框,提示用户给图形

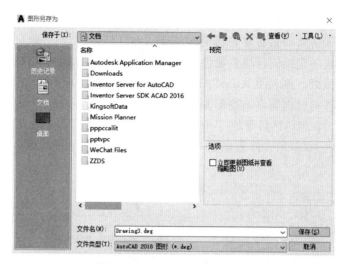

图 1.14　"图形另存为"对话框

指定一个文件名和文件路径,并在"文件类型"下拉列表框中根据需要选择一种图形文件的保存类型,如图 1.15 所示。

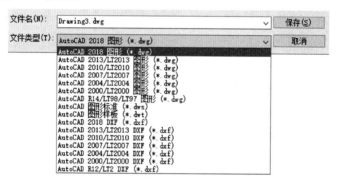

图 1.15　"文件类型"下拉列表框

1.5.3　关闭图形文件

关闭当前的图形文件有以下方式。

(1)单击绘图区右上角的关闭按钮 ✕。

(2)单击应用程序菜单按钮 A →"关闭"→"关闭图形"。

(3)"文件"下拉菜单→"退出"。

(4)在命令行中输入"CLOSE"或"CLOSEALL"。

1.5.4　打开图形文件

打开已经存在的图形文件,有以下方式。

(1)单击快速访问工具栏的打开按钮。

(2)"文件"下拉菜单→"打开..."。

（3）单击应用程序菜单按钮 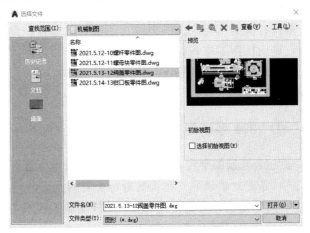 →"打开"→"打开一个文件"。

（4）在命令行中输入"OPEN"。

以上任何一种方法，操作完毕后屏幕都将显示"选择文件"对话框，如图 1.16 所示。选择一个或多个文件后单击打开按钮，将打开选定的文件。

图 1.16　"选择文件"对话框

1.5.5　命令的输入及终止

1. 命令的输入方式

当命令行出现灰色的"键入命令"提示时，表示系统正处于准备接收命令的状态。输入命令有以下方式。

（1）单击功能区面板上的相应按钮输入命令。

（2）在命令行输入命令。执行此操作后，需单击 <Enter> 键确认。

（3）通过选择菜单选项输入命令。

（4）单击工具栏按钮输入命令。

（5）在不同的区域单击鼠标右键，会弹出相应的快捷菜单，从快捷菜单中选择选项执行命令。

（6）单击<Enter>键或空格键重复执行上一个命令。

2. 命令的终止方式

结束命令有以下方式。

（1）最常用的结束命令方式为直接按<Enter>键，即可结束命令。除了书写文字外，空格键与<Enter>键的作用是相同的。

（2）单击鼠标右键后，在弹出的快捷菜单中选择"确认"或"取消"来结束命令。

（3）<Esc>键功能最强大，无论命令是否完成，都可通过<Esc>键来结束命令。

1.5.6　鼠标的操作

鼠标是 AutoCAD 常用的输入设备。鼠标光标默认状态下呈十字交叉线中间有一方框(十字靶标)状。移动鼠标时光标在屏幕上移动,当光标移动到屏幕上不同区域时,其形状也会相应发生变化,变为箭头或者拾取框(小方框)样式。可以在"选项"(OPTIONS命令)对话框中更改十字光标和拾取框光标的大小。

对最常见的滚轮三键鼠标,默认状态下各按键的功能如下。

(1)鼠标左键。鼠标左键为拾取键,具有选择功能。

(2)鼠标右键。鼠标右键的功能取决于当前正在进行的操作。单击鼠标右键可用于结束正在进行的命令、显示快捷菜单和显示"对象捕捉"菜单。

(3)鼠标中键。按住滚轮并移动鼠标,将对图形进行移动操作;只转动滚轮将对绘图区域进行放大或缩小操作。

1.5.7　AutoCAD 2021 系统配置

AutoCAD 2021 是一个开放的平台,一般可在其默认设置下进行绘图。但有时为了绘图效率或者个人习惯,需要对系统的一些参数进行必要的设置,一般通过"选项"对话框进行系统设置。"选项"对话框的设置是使用 AutoCAD 绘制工程图需熟练掌握的基础设置操作。打开"选项"对话框有以下方式。

(1)单击应用程序菜单按钮 ▲ →"选项"。

(2)单击命令行自定义按钮 ✔ →"选项"。

(3)"文件"下拉菜单→"选项"。

(4)在命令行中输入"OPTIONS"。

执行上述命令后,系统打开"选项"对话框,如图 1.17 所示。"选项"对话框的设置是工程制图绘图环境高级初始化的重要环节,详细的选项设置在后续章节中会结合实例进行阐述。以下只对该对话框中的主要选项做简要说明。

图 1.17　"选项"对话框"显示"选项卡

第 1 章 ———————————— 13
AutoCAD 基础知识

1. "文件"选项卡

"文件"选项卡列出了相关程序支持文件、驱动程序文件、菜单文件和其他文件的搜索路径、文件名和文件位置。

2. "显示"选项卡

"显示"选项卡控制 AutoCAD 窗口操作界面的外观显示效果,包含"窗口元素""布局元素""显示精度""显示性能""十字光标大小"和"淡入度控制"六个区域,如图 1.17 所示。若要对功能区颜色进行调整,可对"颜色主题(M)"选项进行设置;若要对绘图区背景颜色进行调整,可单击"颜色"选项,从弹出对话框"颜色"选项中进行选择;"显示精度"选项对对象显示的光滑度进行调整,一般"圆弧和圆的平滑度"可调整为 20 000,但显示精度数值也不可设置过高,过高将会导致计算机运行速度过慢;"十字光标大小"用来调整绘图区十字光标的大小。

3. "打开和保存"选项卡

"打开和保存"选项卡设置保存文件格式、文件安全措施以及外部参照文件加载方式等。

4. "打印和发布"选项卡

"打印和发布"选项卡设置 AutoCAD 默认的打印输出设备及常规打印机选项等。

5. "系统"选项卡

"系统"选项卡设置系统的有关特性。

6. "用户系统配置"选项卡

"用户系统配置"选项卡设置是否使用快捷菜单、插入对象比例以及坐标数据输入的优先级等。

7. "绘图"选项卡

"绘图"选项卡设置自动捕捉标记的颜色、大小以及靶框大小等。

8. "三维建模"选项卡

"三维建模"选项卡设置三维建模环境中的十字光标,视图窗口中的显示工具及三维对象的显示等。

9. "选择集"选项卡

"选择集"选项卡设置拾取框、选择集模式以及夹点的大小和显示颜色等,将在第 3 章具体介绍。

10. "配置"选项卡

"配置"选项卡用于系统配置文件的创建、重命名和删除等操作。

1.5.8 坐标系与点坐标的输入

绘制工程图时,要按照给定的尺寸进行精确绘图。应用 AutoCAD 2021 绘图时,既可通过输入指定点的坐标来绘制图形,也可灵活应用系统提供的"捕捉""栅格""极轴""对象捕捉""对象追踪"等辅助绘图工具,快速、精确地捕捉到某些特征点绘制图形。

1. 坐标系

默认条件下,AutoCAD 坐标系为世界坐标系(WCS),它是 AutoCAD 的基本坐标系,由三个两两垂直相交的坐标轴组成。X 轴的正向水平向右,Y 轴的正向垂直向上,Z 轴的正向由屏幕垂直指向用户。在草图与注释空间模式下,AutoCAD 软件将整个绘图区定义为一个无限大的二维坐标系。坐标原点在绘图区的左下角,其上有一方框标记。在绘制和编辑图形的过程中,WCS 的坐标原点和坐标轴的方向都不会改变,所有的位移都相对于原点,如图 1.18(a)所示。

为方便绘制图形,AutoCAD 允许改变世界坐标系的原点位置和坐标轴方向,即变为用户坐标系(UCS)。在默认情况下,用户坐标系和世界坐标系相重合,可在绘图过程中根据具体需要来定义 UCS。尽管用户坐标系中三个轴之间仍然互相垂直,但 UCS 的原点以及 X 轴、Y 轴、Z 轴方向都可以移动及旋转。UCS 图形符号中没有方框标记,如图 1.18(b)所示。

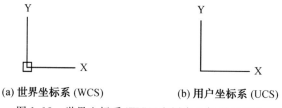

(a) 世界坐标系 (WCS)　　　　(b) 用户坐标系 (UCS)

图 1.18　世界坐标系(WCS)和用户坐标系(UCS)

2.点坐标的输入

使用 AutoCAD 精确绘图时,二维点坐标常以直角坐标和极坐标来表示,而每一种坐标又分别具有两种坐标输入方式:绝对坐标和相对坐标。因此,点的坐标输入方式有以下四种(默认当前屏幕为 XY 平面,Z 坐标始终为 0,故 Z 坐标可省略)。

(1)绝对直角坐标。以坐标原点(0,0)为基点来定位所有点的位置。可通过输入(X,Y)坐标值来定位一个点在坐标系中的位置,各坐标值之间用逗号隔开。

(2)相对直角坐标。以某点作为参考点来定位点的相对位置。可通过输入点的坐标增量来定位它在坐标系中的位置,其输入格式为(@ΔX,ΔY)。

(3)绝对极坐标。以坐标原点(0,0)为极点,输入一个长度距离,后跟一个"<"符号,再加一个角度值。例如,10<30,表示该点离极点的距离为 10 个长度单位,该点和极点的连线与 X 轴正向的夹角为 30°。一般系统默认 X 轴的正向为 0°,Y 轴的正向为 90°;逆时针角度为正,顺时针角度为负。

(4)相对极坐标。以上一操作点为参考点来定位点的相对位置。例如,@10<30 表示相对上一操作点距离 10 个单位,该点和极点的连线与 X 轴正向夹角为 30°。

【例 1.1】　用直线命令绘制长为 50 mm、宽为 25 mm 的长方形 ABCD,如图 1.19 所示,A 点坐标为(20,20),用坐标方式输入各点。

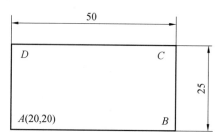

图 1.19　绘制长方形 ABCD

参考操作步骤如下("↙"代表<Enter>键,后续章节同此,不再另加说明)。

(1)执行直线命令■。

(2)命令行提示"LINE 指定第一点:"20,20↙(输入 A 点绝对直角坐标)。

(3)命令行提示"指定下一点或[放弃(U)]:"@50,0↙(输入 B 点相对直角坐标)。

(4)命令行提示"指定下一点或[放弃(U)]:"@0,25↙(输入 C 点相对直角坐标)。

(5)命令行提示"指定下一点或[闭合(C)/放弃(U)]:"@-50,0↙(输入 D 点相对直角坐标)。

(6)命令行提示"指定下一点或[闭合(C)/放弃(U)]:"C↙(输入选项"C"封闭图形,完成图形绘制)。

3.本例小结

(1)在命令行输入命令后,要单击<Enter>键与计算机互动,告诉计算机本步操作完成。

(2)若输入点未出现在绘图区,可不必退出直线命令,直接执行 ZOOM 命令(在命令行中输入"ZOOM"),选择"全部"选项,全屏显示当前设置的绘图区域。

(3)该图形也可用输入相对极坐标方式的绘制:B 点相对极坐标为"@50<0",C 点相对极坐标为"@25<90",D 点相对极坐标为"@50<180"。

(4)通过例 1.1 和前述介绍可以看出,利用 AutoCAD 软件绘图的过程中,要首先熟悉各种功能命令的操作方式,熟练掌握键盘上<Enter><Esc><Delete>等键的用法,关注软件通过命令行给出的反馈信息,按软件提示一步一步地来进行操作,实现与软件的良性互动,这正是交互式绘图的含义。另外,通过本章的学习我们也可以看到,对同一个命令,AutoCAD 提供了不同操作方式来完成;同样,对同一个图形对象的绘制,也可有不同方式来完成。具体选择哪种操作方式来完成绘图要求,要根据个人喜好和习惯来确定。

1.5.9　AutoCAD 2021 的帮助系统

AutoCAD 2021 的帮助系统提供了系统操作的完整信息。

打开帮助系统有以下方式。

(1)标题栏右侧信息中心的帮助按钮 [?] 。

(2)在命令行中输入"HELP"。

执行帮助命令后,将弹出帮助窗口,如图 1.20 所示。

提示如下。

①在使用按钮命令时,鼠标在命令按钮上悬停 3 s,即可显示即时帮助。

②当命令处于活动状态时,按<F1>键将显示该命令的帮助。

③在对话框中按<F1>键,将显示关于该对话框的帮助。

图 1.20　帮助窗口

练　习　题

1. AutoCAD 2021 是如何实现人与计算机的交互的？

2. AutoCAD 2021 操作界面由哪几部分组成？各部分的作用是什么？

3. 如何新建、关闭或打开 AutoCAD 图形文件？

4. AutoCAD 图形文件有哪几种格式？如何将图形文件保存成这几种格式？

5. AutoCAD 2021 精确输入点的二维坐标有哪几种方式？

6. 用"选项"对话框修改常用的 3 项缺省系统配置。

（1）选择"显示"选项卡，设置绘图区背景颜色为白色。

（2）选择"用户系统配置"选项卡，设置线宽为随图层显示实际线宽。

（3）选择"用户系统配置"选项卡，自定义右键功能。

第 2 章

常用绘图命令

工程图样大多是由点、直线和圆等二维图形元素组成，熟练掌握二维绘图和编辑命令的使用方法和技巧，是快速、灵活、准确地使用 AutoCAD 绘制工程图的基础。

AutoCAD 2021 绘制二维图形通常在草图与注释工作空间中进行，其常用绘图命令都集成在了功能区"默认"选项卡的"绘图"面板中，如图 2.1 所示。对具有老版本使用习惯的用户也可从 "绘图"下拉菜单或者打开"绘图"工具栏进行常用绘图命令的操作。

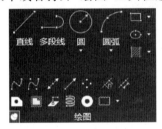

图 2.1 "默认"选项卡"绘图"面板

2.1 直线的绘制

通过绘制两点之间的线段来完成直线的绘制。

激活直线命令有以下方式。

(1)"默认"选项卡→"绘图"面板→直线按钮■。

(2)在命令行中输入"LINE(L)"。

在绘制直线时，首先用鼠标从"绘图"面板点选直线按钮，然后按照命令行提示进行相应的操作。AutoCAD 2021 支持连续绘制直线。单击按钮■后命令行提示中各选项功能如下。

(1)闭合(C)。绘制多条线段时，如果最后要形成一个封闭图形，应在命令执行过程中输入"C↙"，则最后一个端点与第一条线段的起点重合，形成封闭图形。

(2)放弃(U)。撤销刚绘制的线段。在命令过程中输入"U↙"，则最后绘制的线段将被删除。

在例 1.1 中讲述了用坐标法进行直线绘制的方法，但在实际的绘图中，较为快捷绘制直线的方法是给方向给距离法。所谓给方向就是用鼠标导向给出所绘制直线方向，给距离就是直接从命令行输入该线段的长度(相对前一点的距离)，然后按回车键确认就可以绘制符合要求的直线。给方向给距离法常用于绘制已知长度的水平或垂直的直线段，使用该方法时，一般要先打开正交按钮进行导向。

【例 2.1】 打开极轴追踪，用直接给距离方式绘制一个边长为 50 mm 的正三角形

ABC，A 点坐标为（50,50），结果如图 2.2 所示。

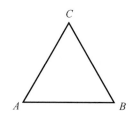

图 2.2　正三角形

参考操作步骤如下。

（1）启用状态栏的"极轴追踪""对象捕捉"和"对象捕捉追踪"。

（2）设置极轴增量角为 30°或 60°。

（3）执行直线命令。

（4）"指定第一点："时，输入 A 点坐标位置"50,50 ↙"（若点未显示在绘图区，则在命令行执行透明命令"ZOOM"的"ALL"选项即可）。

（5）"指定下一点或［放弃（U）］："时，向水平方向移动光标，出现极轴角 0°提示时（给方向），输入"50 ↙"（给距离），确定 B 点。

（6）"指定下一点或［放弃（U）］："时，向左上方移动光标，出现极轴角 120°提示时（给方向），输入"50 ↙"（给距离），确定 C 点。

（7）提示"指定下一点或［闭合（C）/放弃（U）］："时，输入闭合选项"C ↙"封闭图形。

2.2　构造线的绘制

构造线命令用于绘制无限长的直线。在工程图样的绘制过程中，为保证各基本视图之间"长对正，高平齐，宽相等"，可绘制垂直和水平的构造线作为绘图辅助参照线。绘图时可将这些构造线集中绘制在某一图层上，输出图形时，可以将该图层关闭。

调用构造线命令有以下方式。

（1）"默认"选项卡→"绘图"面板→构造线按钮 ▨。

（2）在命令行中输入"XLINE（XL）"。

在绘制"构造线"时，首先从"绘图"面板点选对应的构造线按钮，然后按照命令行提示进行相应的操作。执行构造线命令后，命令行提示"指定点或［水平（H）/垂直（V）/角度（A）/二等分（B）/偏移（O）］："，各选项功能如下。

（1）指定点。指定两点绘制构造线。

（2）水平（H）。通过指定点绘制水平构造线。

（3）垂直（V）。通过指定点绘制垂直构造线。

（4）角度（A）。以指定的角度创建一条参照线。

（5）二等分（B）。绘制角平分线。

（6）偏移（O）。创建平行于另一个对象的参照线。

2.3 圆和圆弧的绘制

2.3.1 圆的绘制

激活圆命令有以下方式。

(1)"默认"选项卡→"绘图"面板→圆按钮 。

(2)在命令行中输入"CIRCLE(C)"。

执行圆命令后,命令行提示"CIRCLE 指定圆的圆心或[三点(3P)/两点(2P)/相切,相切,半径(T)]:",各选项功能如下。

(1)三点(3P)。指定三点绘制圆。

(2)两点(2P)。指定圆的直径的两个端点绘制圆。

(3)相切,相切,半径(T)。指定与圆相切的两对象以及圆半径。

"绘图"面板中圆命令按钮 的下拉菜单如图 2.3 所示,多出的三项功能如下。

图 2.3 圆命令按钮的下拉菜单

(1)圆心,半径。用圆心和半径的方式绘制圆。

(2)圆心,直径。用圆心和直径的方式绘制圆。

(3)相切,相切,相切。通过选取与圆相切的三个对象绘制圆。

提示如下。

①在用"相切,相切,半径"选项绘制圆时,须在与圆相切的对象上捕捉切点(此时当鼠标滑过相切对象时会显示递延切点捕捉标记),如图 2.4(b)所示,如果半径不合适,则系统将提示"圆不存在"。

②可在"选项"对话框"显示"选项卡内对圆的光滑度显示进行设置。

【例 2.2】 用圆命令将图 2.4(a)用圆弧连接成图 2.4(d)形式,尺寸如图所示。

参考操作步骤如下。

(1)打开对象捕捉模式,先绘制图 2.4(a)。

(2)单击"绘图"选项板圆命令按钮下拉箭头,选择"相切,相切,半径"方式执行画圆命令。

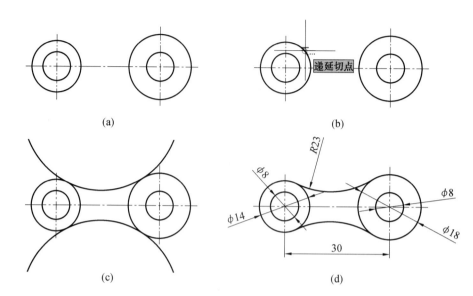

图 2.4　用圆命令进行圆弧连接

（3）提示"指定对象与圆的第一个切点："时，将光标移动到左侧 ϕ14 圆上，此时出现递延切点追踪符号，如图 2.4（b）所示，单击鼠标，指定与绘制圆相切的第一个圆。

（4）系统继续提示"指定对象与圆的第二个切点："时，将光标移动到右侧 ϕ18 圆上，出现递延切点追踪符号，单击指定与绘制圆相切的第二个圆。

（5）提示"指定圆的半径："时输入"23 ↙"。

（6）重复步骤（3）、（4）绘制下方对称圆，完成后如图 2.4（c）所示。

（7）单击修剪按钮 ✂ 修剪 ▾ ，对所画圆进行修剪，完成图形绘制。

2.3.2　圆弧的绘制

"圆弧"绘制有以下方式。

（1）"默认"选项卡→"绘图"面板→圆弧按钮 ⌒ 。

（2）在命令行中输入"ARC（A）"。

执行圆弧命令后，命令行提示"ARC 指定圆弧的起点或［圆心（CE）］："→指定起点后，系统提示"指定圆弧的第二点或［圆心（CE）/端点（EN）］："→指定第二点，系统继续提示"指定圆弧的端点："→指定圆弧端点，即通过指定圆弧上的三点完成圆弧绘制。

"绘图"面板中圆弧按钮的下拉菜单如图 2.5 所示，以下就其中某些选项的含义及功能简单介绍。

（1）起点，圆心，角度。以起点、圆心、圆心角绘制圆弧。

（2）起点，圆心，长度。以起点、圆心、弦长绘制圆弧。

（3）起点，端点，角度。以起点、终点、圆心角绘制圆弧。

（4）起点，端点，方向。以起点、终点、圆弧起点的切线方向绘制圆弧。

（5）连续。从一段已有的线或弧开始绘弧。用此选项绘制的圆弧与原有线或弧的终

图 2.5　圆弧按钮的下拉菜单

点沿切线方向相连接。

其余绘制圆弧方式可参考以上方式。

提示如下。

①圆弧的半径有正、负之分,当半径为正值时,绘制小圆弧;当半径为负值时,绘制大圆弧。

②圆弧的角度也有正、负之分,当角度为正值时,系统向逆时针方向绘制圆弧;当角度为负值时,则向顺时针方向绘制圆弧。以弦长方式绘制圆弧时,输入正值画小弧;输入负值画大弧。

③按住<Ctrl>键可切换所要绘制的圆弧的方向,可以轻松地绘制不同方向的圆弧。

2.4　矩形和正多边形的绘制

矩形和正多边形命令可绘制矩形和正多边形。单击"绘图"面板的"矩形"或"正多边形"下拉按钮 可切换选择矩形或正多边形绘制命令。正多边形命令用于绘制 3～1 024 条边的正多边形。

激活正多边形命令有以下方式。

(1)"默认"选项卡→"绘图"面板→正多边形按钮 。

(2)在命令行中输入"POLYGON(POL)"。

执行该命令后命令行提示"输入边的数目:",此时指定多边形边数,系统默认设置为"4",即正方形。可输入 3~1 024 任意一个数字,然后系统提示"指定多边形的中心点或[边(E)]:"。各选项功能如下。

(1)中心点。确定多边形的中心。

(2)内接于圆(I)。用内接圆方式来定义多边形,是以中心点到多边形端点的距离为半径确定多边形。

(3)外切于圆(C)。用外切圆方式来定义多边形,是以中心点到多边形各边的垂直距离为半径确定多边形。

(4)边(E)。确定多边形的一条边来绘制正多边形,它由边数和边长确定。

提示如下。

①当再次执行正多边形命令时,提示的默认值将是上次所给的边数。

②正多边形是封闭的多段线,用分解命令分解后将成为单个对象的直线段。

【例 2.3】 用正多边形命令绘制图 2.6 所示的正六边形。

参考操作步骤如下。

(1)执行正多边形命令。

(2)提示"输入侧面数<4>:"时,输入多边形边数"6 ✓"。

(3)提示"指定多边形的中心点或[边(E)]:"时,鼠标指定多边形的中心点。

(4)提示"输入选项[内接于圆(I)/外切于圆(C)]<I>:"时,输入"I ✓",选择以内接圆方式绘制多边形,结果如图 2.6(a)所示;若输入"C ✓",选择以外切圆方式绘制多边形,结果如图 2.6(b)所示。

(5)提示"指定圆的半径:"时,输入圆半径"20 ✓"。

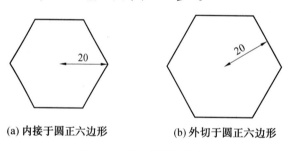

(a) 内接于圆正六边形　　　　　(b) 外切于圆正六边形

图 2.6 　正六边形的绘制

2.5 　点的绘制

点是图形绘制过程中的最基本的图形元素。在工程制图中,点主要是用于定位的。为了能在图样上准确地表示出点的位置,可以用特定的符号来表示点,这种符号称为点样式。AutoCAD 中包含了 20 种不同点的表示方式,用户在绘制单点、多点及等分点前要先根据绘图需要进行点样式设置。绘点命令主要包括点样式设置命令、点命令、定数等分命令和定距等分命令。

2.5.1 设置点样式

绘制点之前,首先要设置点的样式。默认情况下,点对象仅被显示成小圆点。

打开"点样式"对话框有以下方式。

(1)"默认"选项卡→实用工具下拉按钮选择"点样式",若无"实用工具"面板,可在功能区空白处单击鼠标右键,在弹出菜单中选择。

(2)在命令行中输入"DDPTYPE"。

执行命令后打开"点样式"对话框,如图 2.7 所示。在该对话框中可以设置点的样式和大小。其中两个单选按钮的作用如下。

(1)相对于屏幕设置大小。设置点相对尺寸,当用 ZOOM(缩放)命令放大或缩小图样时,点也会放大或缩小。

(2)按绝对单位设置大小。设置点绝对尺寸。

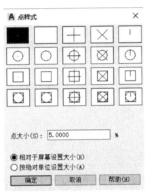

图 2.7 "点样式"对话框

2.5.2 点的绘制

点命令可生成单个或多个点,这些点可用作标记点、标注点等。

点的绘制有以下方式。

(1)"默认"选项卡→"绘图"面板→点按钮 ▦。

(2)在命令行中输入"POINT(PO)"。

执行命令后,命令行提示"POINT 指定点:"→输入点的坐标或在绘图区用鼠标选定即可生成所需的点对象,可连续绘制多个点。

提示如下。

①点作为实体可以使用编辑命令进行编辑。

②系统在生成相关尺寸标注时也会生成点,并放在名为"Defpoint"的图层上。

【例 2.4】 改变点的样式和大小绘制图 2.8 所示的点(可将"捕捉""栅格"打开以辅助定点)。

图 2.8　点的绘制

参考操作步骤如下。

(1)打开"点样式"对话框,并将点样式设置成⊕,将点的绘制大小设置成 5。

(2)执行点命令。

(3)命令行提示"POINT 指定点 :"时,依次指定各点的位置。

2.6　椭圆的绘制

椭圆和椭圆弧命令都是"ELLIPSE",但命令行提示却不同。绘制椭圆主要由中心、长轴和短轴三个参数来描述,而绘制椭圆弧则要求确定起始点和终止点。

调用椭圆命令有以下方式。

(1)"默认"选项卡→"绘图"面板→椭圆按钮 ⊙ 。

(2)在命令行中输入"ELLIPSE(EL)"。

2.6.1　绘制椭圆

执行椭圆命令后,系统提示"指定椭圆的轴端点[圆弧(A)/中心点(C)]:"→指定轴端点后,系统提示"指定轴的另一个端点:"→指定轴的另一个端点后,系统继续提示"指定另一条半轴长度:"→输入长度值或指定第三点,系统从中心点和第三点之间的距离决定椭圆另一轴的半轴长度。各选项功能如下。

(1)中心点(C)。以指定椭圆圆心及一个轴(主轴)的端点、另一个轴的半轴长度绘制椭圆。

(2)旋转(R)。输入角度,将一个圆绕着长轴方向旋转成椭圆,若输入 0,则绘制出圆。

2.6.2　绘制椭圆弧

执行椭圆命令后,系统提示"指定椭圆的轴端点[圆弧(A)/中心点(C)]:"→选择 A 选项用于绘制椭圆弧。系统继续提示"指定椭圆弧的轴端点或[中心点(C)]:"→指定轴端点或输入"C"选择中心点选项。

【例 2.5】　用椭圆命令绘制一个中心点为(100,100),长轴为 100 mm,短轴为 60 mm的椭圆。

参考操作步骤如下。

(1)执行椭圆命令。

(2)提示"指定椭圆的中心点:"时,输入中心点的坐标"100,100↙"。

(3)提示"指定轴的端点:"时,相对中心点输入椭圆一轴端点坐标"@50,0↙"。

（4）提示"指定另一条半轴长度或［旋转（R）］："时，相对中心点输入椭圆另一轴端点坐标"@0,30 ↙"。

2.7　多段线的绘制

多段线命令用于绘制由多段直线或圆弧连接而成一个实体，这些直线或圆弧可具有不同宽度，可以进行编辑。

调用多段线命令有以下方式。

（1）"默认"选项卡→"绘图"面板→多段线按钮 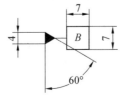。

（2）在命令行中输入"PLINE（PL）"。

执行多段线命令，指定多段线的起点后，系统提示"指定下一点或［圆弧（A）/闭合（C）/半宽（H）/长度（L）/放弃（U）/宽度（W）］："。命令提示中各选项功能如下。

（1）圆弧（A）。输入"A"，以绘圆弧的方式绘制多段线。系统提示"指定圆弧的端点或［角度（A）/圆心（CE）/闭合（CL）/方向（D）/半宽（H）/直线（L）/半径（R）/第二点（S）/放弃（U）/宽度（W）］："，其各选项功能如下。

①角度（A）。指定圆弧的圆心角绘制圆弧。

②圆心（CE）。指定圆弧的圆心绘制圆弧。

③闭合（CL）。自动将多段线闭合，即将选定的最后一点与多段线的起点连接起来。

④方向（D）。取消直线与弧的相切关系设置，改变圆弧的起始方向。

⑤半宽（H）。指定多段线的起点与终点的半宽度值。

⑥直线（L）。返回绘制直线方式。

⑦半径（R）。指定圆弧半径绘制圆弧。

⑧第二点（S）。指定三点绘制圆弧。

⑨放弃（U）。取消刚绘制的一段多段线。

⑩宽度（W）。设置起点与终点的宽度值。

（2）主提示下的"闭合（C）/半宽（H）/长度（L）/放弃（U）/宽度（W）"选项功能同上。

（3）长度（L）。指定绘制的多段线的长度，系统将按照上一段线的方向绘制。若上一段是圆弧，则将绘制出与此圆弧相切的线段。

提示：可用分解命令将多段线分解为多个单一实体的直线和圆弧，分解后宽度信息将会消失。

【例 2.6】　用多段线命令绘制图 2.9 所示形位公差基准符号，尺寸如图 2.9 所示。使用多行文字命令写入字母 *B*。

图 2.9　多段线命令的应用

参考操作步骤如下。

(1)开启"对象捕捉"和"正交"模式。

(2)执行多段线命令。

(3)提示"指定起点:"时,单击鼠标在任意位置指定起始点。

(4)提示"指定下一点或[圆弧(A)/闭合(C)/半宽(H)/长度(L)/放弃(U)/宽度(W)]:"时,输入"W✓"设置多段线线宽。

(5)提示"指定起点宽度<0.000 0>:"时,输入指定起点线宽"4✓"。

(6)提示"指定终点宽度<2.000 0>:"时,输入指定终点线宽"0✓"。

(7)提示"指定下一点或[圆弧(A)/闭合(C)/半宽(H)/长度(L)/放弃(U)/宽度(W)]:"时,鼠标水平导向,输入"3.5✓"(3.5指黑色正三角形高度)。

(8)提示"指定下一点或[圆弧(A)/闭合(C)/半宽(H)/长度(L)/放弃(U)/宽度(W)]:"时,鼠标水平导向,输入"4✓"(画黑色正三角形和正方形之间线段,长度取4)。

(9)提示"指定下一点:"时,鼠标垂直向下给方向,输入"3.5✓"。

(10)提示"指定下一点:"时,鼠标水平向右给方向,输入"7✓"。

(11)提示"指定下一点:"时,鼠标垂直向上给方向,输入"7✓"。

(12)提示"指定下一点:"时,鼠标水平向左给方向,输入"7✓"。

(13)提示"指定下一点:"时,鼠标垂直向下给方向,输入"C✓"闭合。完成7×7正方形的绘制。

(14)提示在正方形内使用多行文字命令输入"B"。

提示:工程图绘制过程中,如果用到单独的尺寸箭头,其中一种方法是使用多段线命令来绘制。

2.8　多线的绘制

多线命令用于绘制多条相互平行的线,多线命令在建筑工程上常用于绘制墙线。

激活多线命令有以下方式。

(1)"绘图"下拉菜单→"多线"。

(2)在命令行中输入"MLINE(ML)"。

执行多线命令后,系统将提示"指定起点或[对正(J)/比例(S)/样式(ST)]:",各选项功能如下。

(1)对正(J)。该选项用于决定多线相对于用户输入端点的偏移位置,选择"对正"选项后,系统将继续提示"输入对正类型[上(T)/无(Z)/下(B)]<下>:",各选项含义如下。

①上(T)。多线上最顶端的线将随着光标点移动。

②无(Z)。多线的中心线将随着光标点移动。

③下(B)。多线上最底端的线将随着光标点移动。

(2)比例(S)。控制定义的平行多线在绘制时的比例。相同的样式用不同的比例绘制时,平行多线的宽度会不同,如果是负比例,则把偏移顺序反转。

(3)样式(ST)。绘制多线时使用的样式,默认线型样式为"STANDARD"。

提示如下。

①多线命令的默认模式为双线,线宽为 1 mm,如使用其他样式,须先用多线样式命令定义样式。

②多线命令只能绘制由直线段组成的平行多线,多条平行线是一个整体。

【例 2.7】 用多线命令绘制图 2.10 所示的图形。

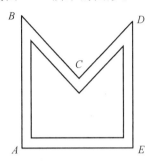

图 2.10 用多线命令绘制图形

参考操作步骤如下。

(1)提示执行"多线"命令。

(2)提示"指定起点或[对正(J)/比例(S)/样式(ST)]:"时,指定起始点 A。

(3)提示"指定下一点:"时,指定点 B。

(4)提示"指定下一点或[放弃(U)]:"时,依次按图 2.10 用多线命令绘制 C、D、E 点。

(5)提示"指定下一点或[闭合(C)/放弃(U)]:"时,输入"C",闭合平行多线。

2.9 样条曲线的绘制

样条曲线命令用于绘制二次或三次样条曲线,它可以由起点、终点、控制点及偏差来控制曲线,在工程图样绘制中,可用于表达断裂边界线及地形图标高线等复杂曲线。AutoCAD 可绘制两类样条曲线:非均匀有理 B 样条曲线即样条曲线拟合法(F)和贝赛尔(Bezier)曲线即样条曲线控制点法(CV)。

绘制样条曲线有以下方式。

(1)"默认"选项卡→"绘图"面板→样条曲线按钮 。

(2)在命令行中输入"SPLINE(SPL)"。

执行样条曲线命令后,系统提示"SPLINE 指定第一个点或[方式(M)/节点(K)/对象(O)]:"→指定第一个点后,系统提示"输入下一个点或[起点切向(T)/公差(L)]:"→输入下一个点后,系统提示"[起点切向(T)/公差(L)]:"→输入下一个点后,系统提示"输入下一个点或[端点相切(T)/公差(L)/放弃(U)]:"→再次输入下一个点后,系统提示"输入下一个点或[端点相切(T)/公差(L)/放弃(U)/闭合(C)]:"。命令行提示中各选项功能如下。

(1)方式(M)。方式是使用拟合点或使用控制点来创建样条曲线。其中,"拟合(F)"选项是通过指定必须经过的拟合点来创建三阶 B 样条曲线;"控制点(CV)"选项是通过指定控制点来创建样条曲线,效果比移动拟合点好。

(2)节点(K)。指定节点参数化,是一种计算方法,用来确定样条曲线中连续拟合点之间的零部件曲线如何过渡。

(3)对象(O)。将样条曲线拟合多段线转换为等效的样条曲线。

(4)起点切向(T)。指定样条曲线起始点处的切线方向。

(5)端点相切(T)。指定样条曲线终点处的切线方向。

(6)公差(L)。指定样条曲线可以偏离指定拟合点的距离。值越大,曲线离指定点越远;值越小,曲线离指定点越近。

(7)闭合(C)。生成一条闭合的样条曲线。

提示:样条曲线形状可以在绘制过程中通过拖曳鼠标来实时调整,或者绘制完成后通过控制点来调整。

【例 2.8】 用样条曲线命令绘制图 2.11 中所示的样条曲线 $ABCD$。

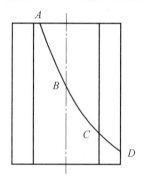

图 2.11 样条曲线的绘制

参考操作步骤如下。

(1)绘制图形(略)。

(2)执行样条曲线命令。

(3)提示"指定第一个点或[方式(M)/节点(K)/对象(O)]:"时,用鼠标指定起点 A。

(4)提示"输入下一个点或[起点切向(T)/公差(L)]:"时,用鼠标指定曲线第二拟合点 B。

(5)提示"输入下一个点或[端点相切(T)/公差(L)/放弃(U)]:"时,用鼠标指定曲线第三拟合点 C。

(6)提示"输入下一个点或[端点相切(T)/公差(L)/放弃(U)/闭合(C)]:"时,用鼠标指定曲线第四拟合点 D。此时,移动鼠标,调整样条曲线的形状。

(7)提示"输入下一个点或[端点相切(T)/公差(L)/放弃(U)/闭合(C)]:"时,按<Enter>键结束输入。

2.10 图案填充

"图案填充"用于将图案填充到封闭区域,赋予图形区域某种颜色或纹理。绘制工程图时,图案填充常用来绘制零件剖面或断面图,以表达零件的材料种类和表面纹理等。

调用图案填充命令有以下方式。

(1)"默认"选项卡→"绘图"面板→图案填充按钮🔲。

(2)在命令行中输入"BHATCH"。

执行上述命令后,系统在功能区显示"图案填充创建"选项卡,如图 2.12 所示。若选择图案填充命令后,在命令行中选择"设置(T)"选项,则显示"图案填充和渐变色"对话框,如图 2.13 所示。二者功能类似,AutoCAD 2021 版只是把旧版本对话框中的功能集成到了选项面板中。

图 2.12 "图案填充创建"选项卡

"图案填充和渐变色"对话框,各区域功能如下(图 2.13)。

图 2.13 "图案填充和渐变色"对话框

2.10.1　类型和图案

1. 类型：图案的种类

(1)预定义。使用 AutoCAD 预先定义的在文件 ACAD. PAT 中的图案。

(2)用户定义。使用当前线型定义的图案。

(3)自定义。选用定义在其他 PAT 文件(不是 ACAD. PAT)中的图案。

工程图绘制过程中，该选项一般取系统默认值，即预定义。

2. 图案：选择具体图案

(1)列表框。打开下拉列表，列出各种图案名称。

(2) ... 按钮。弹出"填充图案选项板"，选取所需的图案。

(3)样例。显示所选图案的预览图形。

(4)自定义图案。显示用户自己定义的图案。

工程图绘制过程中，该选项一般选取 ANSI31 图案，即美国国家标准剖面符号。

2.10.2　角度和比例

(1)角度。输入填充图案与水平方向的夹角。

(2)比例。选择或输入一个比例系数，控制图线间距。

(3)间距。使用"用户定义"类型时，设置平行线的间距。

(4)ISO 笔宽。使用 ISO 图案时，在该下拉列表中选择图线间距。

工程图绘制时，以剖面线的倾斜角度和间隔来区分不同零件。以 ANSI31 图案为例，AutoCAD 以角度控制剖面线的倾斜方向。系统提示的 0°即为国家标准水平向右 45°剖面线，同理，系统提示的 90°对应国家标准水平向左 135°剖面线。AutoCAD 以比例控制剖面线之间的间距，比例越大，间距越大，若比例太小，则整个填充区域会全部显示黑色(白色)。

2.10.3　图案填充原点

(1)使用当前原点。使用当前 UCS 的原点(0,0)作为图案填充原点。

(2)指定的原点。指定填充图案原点。

2.10.4　边界

(1)拾取点。单击该按钮，临时关闭对话框，拾取边界内部一点，按<Enter>键，系统自动计算包围该点的封闭边界，返回对话框。使用拾取内部点命令时，填充区域边界必须封闭。

(2)选择对象。从待选的边界集中，拾取要填充图案的边界。该方式忽略内部孤岛。

(3)删除边界。临时关闭对话框，删除已选中的边界。

(4)重新创建边界。重新创建填充图案的边界。

(5)查看选择集。亮显图中已选中的边界集。

2.10.5 选项

(1)注释性。当选择一个注释性填充图案后,系统将自动勾选"注释性"复选框。

(2)关联。与内部图案相关联,边界变化时,图案也随之变化。

(3)创建独立的图案填充。边界与内部图案不关联。

(4)绘图次序、图层、透明度。绘制工程图时可取默认值。

提示如下。

①填充图案时,边界必须封闭,所谓封闭,即所选区域各线段必须首尾相连接,不得有空隙。如果系统提示"无效边界",则应检查各连接点处是否封闭。

②填充图案的关联性不是固定的,有些操作可破坏关联性。

【例 2.9】 将图 2.11 所示的图形以 ANSI31 进行"图案填充",结果如图 2.14 所示。

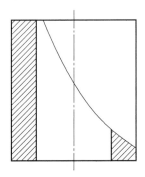

图 2.14   剖面线图案填充

参考操作步骤如下。

(1)先将图 2.11 C 点以上线段用修剪命令剪掉。

(2)执行图案填充命令,选取图案类型为"ANSI31"。

(3)单击拾取点按钮,返回绘图界面。

(4)单击所要填充的区域内部一点,完成剖面线填充。

(5)若剖面线间隔与倾斜角度不合适,可对图案填充选项板特性功能区各选项进行调整。

提示:若要对已填充的图案进行修改,直接双击填充区域即可打开"图案填充编辑器",格式与"创建图案填充"的选项卡或对话框相同,操作方法也相同。然后进行相关的编辑操作。此外,还可利用"特性"选项板实现对填充图案的编辑。

【例 2.10】 采用给方向给距离方式和相对直角坐标方式绘制图 2.15 所示的平面图形。

参考操作步骤如下。

(1)从状态栏开启"正交"模式和"对象捕捉"模式。

(2)从"绘图"面板单击直线绘图命令。

(3)提示"指定第一个点:"时,用鼠标在绘图区域指定起画点 A。

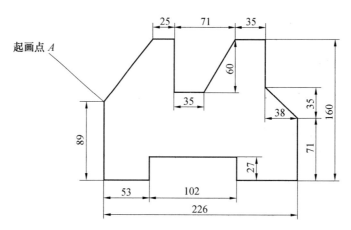

图 2.15　平面图形的绘制

（4）提示"指定下一个点："时，鼠标向下导向，在命令行中输入"89↙"；鼠标向右导向，输入"53↙"；向上导向，输入"27↙"；依此类推，画出 102,27,71（226−53−102）。

（5）关闭"正交"模式，输入相对坐标"@−38,35↙"画斜线。

（6）打开"正交"模式，鼠标导向，依次输入"54（160−71−35），35"。

（7）关闭"正交"模式，输入相对坐标"@−36,−60↙"画斜线。

（8）打开"正交"模式，鼠标导向，依次输入"35,60,25"。

（9）输入"C"闭合选项，或者鼠标捕捉到 A 点，单击封闭图形，完成绘制。

练　习　题

1.圆弧有时显示成多段折线，与出图是否有关？可以用什么命令控制圆弧显示精度？

2.填充图案时，如果系统提示"无效边界"，应如何处理？

3.学生绘图用标题栏框的尺寸如图 2.16 所示。

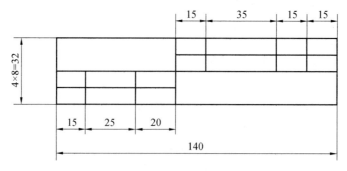

图 2.16　学生绘图用标题栏框

4. 按尺寸绘制图 2.17 所示平面图形。

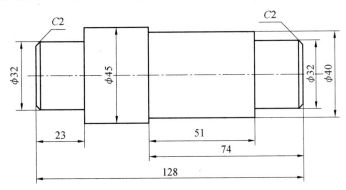

图 2.17　平面图形画法

5. 按尺寸绘制图 2.18 所示图形。

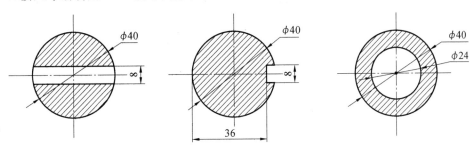

图 2.18　图案填充

6. 按照国家标准规定的要求,用多段线绘制图 2.19 所示的符号,粗实线宽度为 0.7 mm,细实线宽带为 0.35 mm。

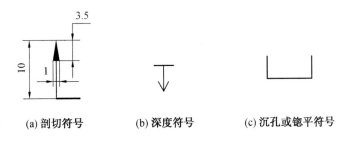

(a) 剖切符号　　　　(b) 深度符号　　　　(c) 沉孔或锪平符号

图 2.19　多线段生成符号

7. 工程图绘制时,常用圆弧来代替相贯线。试按机械制图画法要求画出图 2.20 中肩点 A 和 B 之间用圆弧替代的简化相贯线。

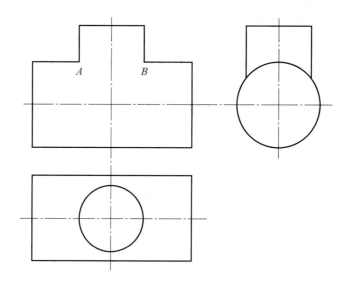

图 2.20　圆弧替代简化相贯线

第 3 章

精确绘制图形

作为一款为适应不同行业的绘图需求而开发的通用化的绘图软件，AutoCAD软件的初始的绘图环境(绘图时的某些参数)并不完全符合工程制图绘制的要求，也不利于工程图文件的规范、统一和后续编辑。为使绘制的图形文件满足规范化、标准化的要求，在绘图之前，需要进行满足国家标准工程制图绘制要求的初始绘图环境的参数设置。另外，要保证所绘图形的准确性，除了要准确输入坐标数据外，还要充分利用AutoCAD所提供的精确绘图的辅助功能，如捕捉、栅格、极轴追踪、对象捕捉、对象捕捉追踪、动态输入等工具，快捷准确地捕捉到某些特征点，以避免烦琐的坐标计算和坐标输入，使图形绘制更加精确、方便和高效，保证所绘工程图样的质量。

绘图环境的初始设置包括绘图单位、绘图界限和辅助绘图工具的设置等，基本涵盖了状态栏中常用辅助绘图工具按钮的参数设置。绘图辅助绘图工具的熟练使用，是绘制高质量工程图的重要保障。

3.1　绘图环境初始化

手工绘图前需要选择图幅，确定作图比例，而在AutoCAD中绘图，也需要首先设置绘图单位和图纸幅面等参数。

3.1.1　绘图单位的设置

AutoCAD根据不同的行业和不同地区的单位制，使用不同的度量单位，还要根据绘图精度的要求设置不同的精度。开始绘图之前，首先要设置绘图单位，主要包括长度和角度的类型、精度，以及角度方向的设置。绘图单位的设置在"图形单位"对话框中进行。

激活该命令有以下方式。

(1)"格式"下拉菜单→"单位"。

(2)单击应用程序菜单按钮 **A** →"图形实用工具"→"单位"。

(3)在命令行中输入"UNITS(UN)"。

执行命令后，打开"图形单位"对话框，如图3.1所示。该对话框中包括四个选项组，分别是"长度""角度""插入时的缩放单位"和"光源"。对话框中各选项的功能如下。

(1)长度。设置长度单位的类型和精度。类型用来设置单位的当前格式，其中包括"小数""分数""工程""建筑"和"科学"五种选项。精度用来设置当前长度单位的精度，默认情况下，长度类型为"小数"，精度为小数点后4位。

(2)角度。设置角度单位的类型和精度。类型用来设置当前角度单位的格式，其中包

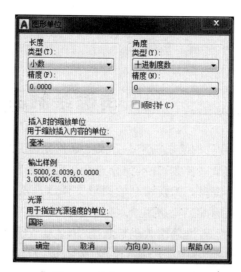

图 3.1　"图形单位"对话框

括"十进制度数""度/分/秒""弧度""勘测单位"和"百分度"五种选项。精度用来设置当前角度单位的精度。顺时针复选框用来设置角度的正方向,如果选中该复选框,则以顺时针方向为正方向。默认情况下,角度类型为"十进制度数",精度为小数点后 0 位,以逆时针方向为正方向。

(3)插入时的缩放单位。在"用于缩放插入内容的单位"下拉列表框中,可以选择用于缩放插入内容的单位,通常选用"毫米"作为缩放单位。

(4)输出样例。用于显示说明当前单位和角度设置下的输出样例。

(5)光源。在"用于指定光源强度的单位"下拉列表框中选择用于当前图形中控制光源强度的测量单位。

(6)方向按钮。单击该按钮,打开"方向控制"对话框,如图 3.2 所示。在该对话框中可进行方向控制设置。默认东向即水平向右的方向为 0°角方向。

图 3.2　"方向控制"对话框

一般来说,对于机械制图,长度类型一般以小数制的毫米(mm)为单位,角度以十进制度数的度(°)为单位,角度正方向为逆时针方向,水平向右的方向为 0°角方向。

提示如下。

①设置绘图单位并不意味着自动设置尺寸标注的单位。只要需要,可以把尺寸标注

单位的类型和精度设置得与绘图单位不同。

②角度测量方位及方向影响坐标定位及角度测量,建议不要改动。

3.1.2　绘图界限的设置

设置图形界限就是确定矩形绘图边界,相当于手工绘图时的图幅,是为满足不同范围的图形在有限的绘图窗口中恰当显示,以方便视窗的调整、观察和编辑等。

命令调用有以下方式。

(1)"格式"下拉菜单→"图形界限"。

(2)在命令行中输入"LIMITS"。

执行命令后,系统将提示"指定左下角点或[开(ON)/关(OFF)]<0,0>:"。

各选项功能如下。

(1)左下角点。可在屏幕上单击一点作为矩形绘图区域的左下角点,接着系统提示"指定右上角点<当前值>:",此时用户可在屏幕上指定矩形区域另一角点。

(2)开(ON)。打开图形界限检查功能,绘图不允许超出图幅范围。

(3)关(OFF)。关闭图形界限检查功能,可以在图形界限之外绘图。一般采用默认"关"选项即可。

提示如下。

①设置图形界限时,AutoCAD 软件将输入坐标值的两点构成一个矩形区域,同时也确定了显示栅格点的绘图区域。

②图形界限检查只检查图形界限内的输入点,对象的某些部分可能会延伸出界限。

【例 3.1】　设置机械图纸国家标准的 A2 图幅,图形界限范围为 594 mm×420 mm。

参考操作步骤如下。

(1)执行 LIMITS 命令。

(2)"指定左下角点或[开(ON)/关(OFF)]<0.000 0,0.000 0>:↙",默认绘图区域左下角点为(0,0)。

(3)"指定右上角点<420,297>:594,420↙",设置绘图区域右上角点。

3.2　辅助绘图工具的设置与使用

图形绘制的准确性是保证工程图样质量的关键。AutoCAD 提供了诸多精确绘图辅助工具,主要包括捕捉模式、栅格显示、正交模式、对象捕捉、对象捕捉追踪、极轴追踪和动态输入等命令,这些命令大部分都在"草图设置"对话框进行设置,并以按钮的形式集成于绘图区域的右下方的状态栏内,如图 3.3 所示。可通过单击状态栏上的按钮来打开或关闭这些工具。

图 3.3　辅助绘图状态栏

3.2.1 捕捉和栅格

1.栅格

栅格是一系列矩形阵列分布的线格,显示已定义的图形界限。在显示栅格的屏幕上绘图如同在方格纸上绘图一样,有助于作图时快速、精确地定位,提高作图效率。

使用前,要先对栅格进行设置,可以通过"草图设置"对话框来进行。

打开"草图设置"对话框有以下方式。

(1)右键单击状态栏的 ▓ ▓ ▾ ┼ ┗ ⌀ ▾ ∠ ◻ ▾ →"设置..."。

(2)"工具"下拉菜单→"草图设置"。

"草图设置"对话框如图 3.4 所示。从图 3.4 中可知,在"草图设置"对话框,除了可以设置捕捉和栅格,还可以对极轴追踪、对象捕捉、三维对象捕捉、动态输入等其他辅助绘图工具进行设置。

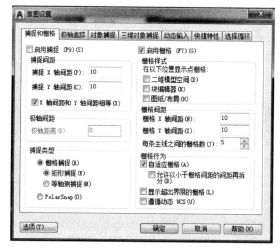

图 3.4 "草图设置"对话框的"捕捉和栅格"选项卡

栅格设置在"捕捉与栅格"选项卡内右侧,各选项功能如下。

(1)启用栅格。打开或关闭栅格显示。

(2)栅格样式。在二维模型空间设定栅格样式。

①二维模型空间。将二维模型空间的栅格样式设定为点栅格。

②块编辑器。将块编辑器的栅格样式设定为点栅格。

③图纸/布局。将图纸和布局的栅格样式设定为点栅格。

(3)栅格间距。控制栅格的显示,有助于直观显示距离。若栅格的 X 轴和 Y 轴间距设置太密,则不显示栅格;一般栅格间距是捕捉间距的整数倍。

①栅格 X 轴间距。指定 X 轴方向上的栅格间距。

②栅格 Y 轴间距。指定 Y 轴方向上的栅格间距。

③每条主线之间的栅格数。指定主栅格线相对于次栅格线的频率。只在栅格显示为线栅格时有效。

(4)栅格行为。控制栅格线的外观。

①自适应栅格。放大或缩小图形,将会自动调整栅格间距,使其更适合新的比例。

②显示超出界限的栅格。栅格所覆盖的区域是否超出图形界限。

③遵循动态 UCS。更改栅格平面以跟随动态用户坐标系 UCS 的 XY 平面。

(5)选项按钮。可以访问"系统选项"对话框,对栅格线的颜色进行设置。

提示如下。

①如果栅格点未全部显示出来,可用 ZOOM 命令的"ALL"选项,全部显示当前设置的绘图区域。

②用栅格命令设置的栅格仅显示和观察图形使用,不是图形的组成部分,不能被打印输出。

③可通过在状态栏中单击栅格显示按钮▦打开或关闭栅格显示。

④当打开"栅格显示"时,绘图区内将显示点栅格或线栅格。在默认情况下,栅格将显示为直线的矩形图案。

2. 捕捉

捕捉命令用于设置光标一次可以移动的最小间距。它使光标只能按照一定间距移动,而不能任意定位。捕捉一般是与栅格配合使用,用于捕捉到栅格点。

捕捉设置与栅格设置处于同处,在"捕捉与栅格"选项卡内,如图 3.4 所示。左侧捕捉设置各选项功能如下。

(1)启用捕捉。用于打开或关闭捕捉方式。

(2)捕捉间距。控制捕捉位置的不可见矩形栅格,以限制光标仅在指定的 X 轴和 Y 轴间隔内移动。捕捉间距和栅格间距可以独立地设置,但它们的值通常是有关联的。

①捕捉 X 轴间距。指定 X 轴方向的捕捉间距,间距值必须为正实数。

②捕捉 Y 轴间距。指定 Y 轴方向的捕捉间距,间距值必须为正实数。

③X 轴间距和 Y 轴间距相等。为捕捉间距和栅格间距强制使用同一 X 轴和 Y 轴间距值,捕捉间距可以与栅格间距不同。

(3)极轴间距。控制极轴捕捉增量距离。

极轴距离。选中极轴捕捉单选按钮时,设置极轴间距。

(4)捕捉类型。设置捕捉样式和捕捉类型。

①栅格捕捉。设置栅格捕捉类型,如果指定点,则光标将沿垂直或水平栅格点进行捕捉。

a. 矩形捕捉。将捕捉样式设置为标准矩形捕捉模式。

b. 等轴测捕捉。将捕捉样式设置为等轴测捕捉模式。

②PolarSnap。将捕捉类型设置为 PolarSnap。

提示如下。

①可通过单击状态栏中的捕捉模式按钮▦打开或关闭捕捉工具。

②当打开捕捉时,如果移动光标,则光标不会连续平滑地移动,而是跳跃着移动。

③捕捉和栅格一般同时打开配合使用。可以设定较宽的栅格间距用作参照,但使用较小的捕捉间距(一般设为~0.1)以保证定位点时的精确性。

3.2.2　正交模式与极轴追踪

正交模式和极轴追踪是两个相对的模式,正交模式将光标约束在水平或垂直方向上移动;极轴追踪将光标按指定角度进行移动,以便于精确地创建和修改对象。

1.正交模式

可通过单击状态栏中的正交按钮 ⌐ 打开或关闭正交模式。

在正交模式下,可直接输入距离来创建指定长度的水平和垂直直线(详见 2.1 节),或按指定的距离水平或垂直移动或复制对象。在绘图和编辑过程中,可以随时打开或关闭正交模式。

提示:打开正交模式后,系统将限制光标的移动,光标只能在 X 轴、Y 轴两个方向上拾取点。

2.极轴追踪

极轴追踪可按给定的角度增量来追踪特征点,屏幕上会出现追踪虚线。而对象捕捉追踪则按与对象上特征点的某种特定关系来追踪。

可通过在状态栏中单击极轴追踪按钮 ⟋ 打开或关闭极轴追踪工具。

通过"草图设置"对话框的"极轴追踪"选项卡可进行设置,如图 3.5 所示。

图 3.5　"草图设置"的"极轴追踪"选项卡

各选项功能如下。

(1)启用极轴追踪。用于打开或关闭极轴追踪功能。

(2)极轴角设置。设置极轴追踪的对齐角度。

①增量角。用于设置极轴追踪的增量角度,此角度的整数倍会显示追踪线,一般常设置 15°增量角。

②附加角。对极轴追踪使用列表中的附加角度,系统仅会追踪此附加角一次,不会追踪这个附加角的整数倍。

③新建与删除按钮。可添加或删除极轴追踪角度增量。

(3)对象捕捉追踪设置。设置自动捕捉追踪方式。

①仅正交追踪。用于极坐标追踪角度增量为 90°的对象,即只能在水平和铅垂方向建立临时捕捉追踪线。

②用所有极轴角设置追踪。用于所设置的极坐标角度增量追踪。

(4)极轴角测量。该区域参数用于设置极轴角测量的坐标系统。

①绝对。采用绝对坐标计量角度值。

②相对上一段。以上一个角度为基准,采用相对坐标计量角度。

提示如下。

①极轴追踪功能可以在系统要求指定一个点时,按预先设置的角度增量显示一条无限延伸的辅助线(追踪线),这时就可以沿辅助线追踪得到光标点。

②正交模式和极轴追踪模式不能同时打开,一个打开,另一个将自动关闭。

3.2.3　对象捕捉与对象追踪

对象捕捉和对象追踪工具是针对指定对象上特征点的精确定位工具。在绘图过程中,经常需要在图形对象上选取某些特征点,如圆心、切点、交点、端点和中点等,或从这些部位追踪出特殊的角度,利用对象捕捉则可快速、准确地捕捉到这些点的位置;对象追踪功能则从这些部位追踪出特殊角度,从而精确地绘制图形。

1.对象捕捉

对象捕捉有自动捕捉和临时捕捉两种方式。

(1)自动捕捉(固定捕捉)。

自动捕捉用于在绘图过程中根据需要系统自动捕捉到对象的特征点。在绘图过程中,当使用对象捕捉频率很高时,设置自动捕捉方式可大大提高工作效率。

自动捕捉方式设置通过"草图设置"对话框的"对象捕捉"选项卡来设置(图 3.6(a))。也可通过右键单击状态栏中的对象捕捉按钮右侧下拉按钮 ∠ ⊡ ▾,在其下拉菜单中勾选"对象捕捉设置"选项来设置(图 3.6(b))。

"草图设置"对话框的"对象捕捉"选项卡各选项功能如下。

①启用对象捕捉。打开或关闭对象捕捉模式。

②启用对象捕捉追踪。打开或关闭对象捕捉追踪模式。要使用对象捕捉追踪,必须打开一个或多个对象捕捉。

③对象捕捉模式。显示所有执行对象捕捉时需打开的对象捕捉模式,各个复选框前面的几何符号是捕捉时的对象捕捉标记,要熟练掌握对象捕捉标记符号。对象捕捉在精确绘图时非常有用,可根据绘图的需要选用捕捉模式。

④选项按钮。单击可打开"选项"对话框的"绘图"选项卡,用于设定包括自动捕捉和自动追踪在内的多个编辑功能的选项,如图 3.7 所示。

a."自动捕捉设置"选项组。控制自动捕捉标记、工具提示和磁吸的显示。

b."AutoTrack 设置"选项组。控制与 AutoTrack(自动追踪)方式相关的设置,此设置在对象捕捉追踪或极轴追踪打开时可用。

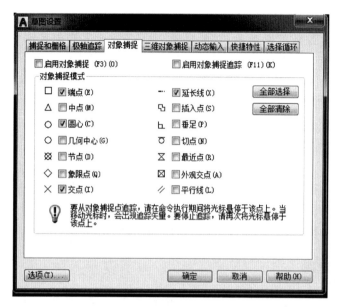

(a) "草图设置"对话框的"对象捕捉"选项卡　　　　(b) 状态栏"对象捕捉"下拉菜单

图 3.6　"草图设置"对话框的"对象捕捉"选项卡和状态栏"对象捕捉"下拉菜单

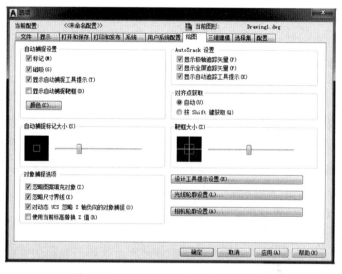

图 3.7　"选项"对话框的"绘图"选项卡

可以在状态栏中单击对象捕捉按钮 打开或关闭对象捕捉模式。

(2)临时捕捉(单点捕捉)。

临时捕捉用于临时捕捉一些特征点,该方式仅对本次捕捉点有效,捕捉完之后,该捕捉关闭。

临时捕捉方式可使用对象捕捉工具栏和快捷菜单来打开或关闭。

①对象捕捉工具栏。对象捕捉工具栏如图 3.8 所示。在绘图过程中,当系统要求输入点时,可先单击对象捕捉工具栏中相应的特征点工具按钮,再把光标移到要捕捉对象上

的特征点附近,即可捕捉到相应的对象特征点。

图 3.8　对象捕捉工具栏

②快捷菜单。当系统要求用户输入点时,可在按下<Shift>键或<Ctrl>键的同时,单击鼠标右键,系统将在光标显示位置弹出单点捕捉快捷菜单,如图 3.9 所示。选择需要的子命令,再把光标移到要捕捉对象的特征点附近,即可捕捉到相应对象的特征点。

图 3.9　临时捕捉快捷菜单

在捕捉快捷菜单中,点过滤器子命令中的各命令用于捕捉满足指定坐标条件的点。除此之外,其余各项都与对象捕捉工具栏中的各种捕捉模式相对应。

对象捕捉工具栏及临时捕捉快捷菜单各按钮的功能如下。

(1)临时追踪点按钮。用于创建一个追踪参考点,然后绕该点移动光标即可看到多条追踪路径,可在某条路径上选取一点,通常与对象捕捉共同使用,由它来控制其他捕捉点。

(2)捕捉自按钮。确定相对于基点的某一点。系统要求输入一个点时,可以建立一个临时参照点作为偏移后续点的基准点,再输入该点相对基准点的坐标值。通常与对象捕捉共同使用,捕捉自方法不会将光标限制在水平方向和垂直方向。

(3)捕捉到端点按钮。捕捉到几何对象的端点或角点。

(4)捕捉到中点按钮。捕捉到几何对象的中点。

（5）捕捉到交点按钮　。捕捉到几何对象的交点。

（6）捕捉到外观交点按钮　。捕捉在三维空间中不相交但在当前视图中看起来可能相交的两个对象的视觉交点。

（7）捕捉到延长线　。当光标经过对象的端点时,显示临时延长线或圆弧,以便用户在延长线或圆弧上指定点。

（8）捕捉到圆心按钮　。捕捉到圆弧、圆、椭圆或椭圆弧的中心点。

（9）捕捉到象限点按钮　。捕捉到圆弧、圆、椭圆或椭圆弧的象限点。

（10）捕捉到切点按钮　。捕捉到圆弧、圆、椭圆、椭圆弧、多段线圆弧或样条曲线的切点。

（11）捕捉到垂足按钮　。捕捉到垂直于选定几何对象的点。当正在绘制的对象需要捕捉多个垂足时,将自动打开捕捉到垂足捕捉模式。

（12）捕捉到平行线按钮　。用于绘制与某直线平行的直线。

（13）捕捉到插入点按钮　。捕捉到块、文字、属性或属性定义等的插入点。

（14）捕捉到节点按钮　。捕捉到用点对象、标注定义点或标注文字原点。

（15）捕捉到最近点按钮　。捕捉到对象（如圆弧、圆、直线等）与指定点距离最近的点。

（16）无捕捉按钮　。不使用任何对象捕捉模式,即暂时关闭对象捕捉模式。

（17）对象捕捉设置按钮　。单击该按钮,系统弹出"草图设置"对话框,进行对象（自动）捕捉设置。

提示如下。

①临时捕捉每次只能选择一种对象,只能执行一次,但它的优先级比自动捕捉要高,执行临时捕捉时,自动捕捉会失效。

②仅当提示输入点时,对象捕捉才生效。如果尝试在命令行提示下使用对象捕捉,将显示错误消息。

【例 3.2】 如图 3.10 所示,绘制两圆的外公切线、内公切线。

参考操作步骤如下。

（1）执行直线命令,单击对象捕捉工具栏中的捕捉到切点按钮,提示"指定第一个点:",单击选择如图 3.10(a)所示的切点。

（2）再次单击捕捉到切点按钮,提示"指定下一点或［放弃（U）］:",单击选择如图 3.10(b)所示的切点,绘制出两圆外公切线。

（3）重新执行直线命令,单击对象捕捉工具栏中的捕捉到切点按钮,提示"指定第一个点:",单击选择如图 3.10(c)所示的切点。

（4）再次单击捕捉到切点按钮,提示"指定下一点或［放弃（U）］:",单击选择如图

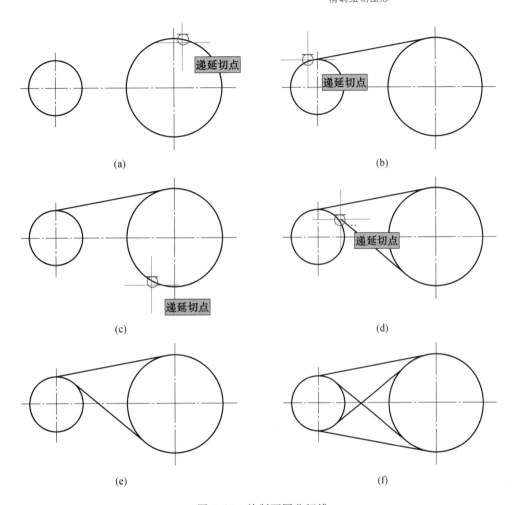

图 3.10 绘制两圆公切线

3.10(d)所示的切点,绘制出两圆内公切线,如图 3.10(e)所示。

(5)重复上述(1)~(4)的操作,绘制第二条外公切线和内公切线,如图 3.10(f)所示。

提示如下。

①画公切线时每次单击选择点之前需单击捕捉到切点按钮,即为临时捕捉。

②只需指出切点大致位置,系统会根据两切点位置自动判断画出外公切线或内公切线。

【例 3.3】 如图 3.11 所示,过任意一点作一条与已知直线平行的直线。

参考操作步骤如下。

(1)执行直线命令,提示"指定第一个点:",在已知直线外合适位置单击,确定第一个点。

(2)单击对象捕捉工具栏中的捕捉到平行线按钮,将光标移至已知直线上某处,此时显示平行标记和提示,如图 3.11(a)所示。

(3)再将光标向右移动,直至出现一条与已知直线平行的追踪线(无限长虚线),并再次显示平行标记和提示,如图 3.11(b)所示。

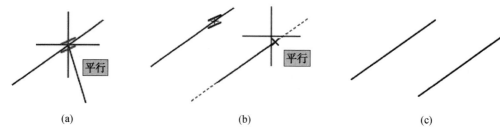

图 3.11　绘制平行线

（4）提示"指定下一点或［放弃（U）］："，单击即可完成平行线的绘制，如图 3.11（c）所示。

2.对象追踪

对象追踪又称为自动追踪，可以沿指定方向（称为对齐路径）按指定角度或与其他对象的指定关系创建对象。

当自动追踪打开时，临时对齐路径有助于以精确的位置和角度创建对象，自动追踪包括两个追踪选项：对象捕捉追踪和极轴追踪。如果知道要追踪的方向，则使用极轴追踪；如果不知道具体的追踪方向，但知道与其他对象的某种关系，则使用对象捕捉追踪。

对象捕捉追踪设置在"草图设置"对话框的"极轴追踪"选项卡，如图 3.5 所示。具体设置详见 3.2.2 节。打开或关闭对象捕捉追踪功能有以下方式。

（1）单击状态栏对象捕捉追踪按钮 。

（2）按＜F10＞键。

使用对象捕捉追踪可以沿着基于对象捕捉点的对齐路径进行追踪，已获取的点将显示一个小加号（＋），一次最多可以获取 7 个追踪点。获取点之后，当在绘图路径上移动光标时，将显示相对于获取点的水平、垂直或与极轴角对齐路径，沿着某个路径选择一点。与对象捕捉一起使用对象捕捉追踪，必须打开设定的对象捕捉（一个或多个），才能从对象的捕捉点进行追踪。

提示如下。

①必须先执行一个要求输入点的绘图或编辑命令，当提示输入点时，对象捕捉追踪才生效。

②获取捕捉点时不要拾取该点，只需在该点停顿片刻就可以获取。如果清除已获取点，可将光标再移回到获取点上即可。正交模式和极轴追踪模式不能同时打开，一个打开，另一个将自动关闭。

③利用对象捕捉追踪在画三视图的"三等"关系时非常重要。

【例 3.4】 已知正六棱柱俯视图，求作主视图，如图 3.12（a）所示。

参考操作步骤如下。

（1）打开对象捕捉及对象捕捉追踪，执行直线命令，提示"指定第一个点："，光标移至六边形左边顶点（获取捕捉点），光标上移出现追踪线并显示光标位置与捕捉点距离、角度，在合适位置单击确定第一个点，如图 3.12（b）所示。

（2）再上移光标，根据六棱柱高度确定第二点，移动光标至六边形右顶点，显示已获取点(＋),再上移至与第二点对齐,如图 3.12(c)所示。

(3)单击确定点,再下移与第一点对齐,如图 3.12(d)所示。再单击确认点,完成矩形绘制如图 3.12(e)所示。

(4)再执行直线命令,光标移至六边形左后边顶点(获取捕捉点),上移光标出现追踪线,至追踪线与已绘底面线交点符号出现,单击确定直线第一点,如图 3.12(f)所示。沿追踪线上移光标至出现与已绘顶面线交点符号,单击确定直线第二点,如图 3.12(g)所示。

(5)重复上一步操作绘制另一棱线。最终完成绘制主视图,如图 3.12(a)所示。

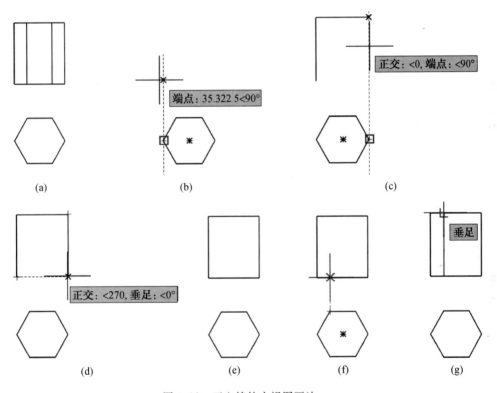

图 3.12　正六棱柱主视图画法

3.2.4　动态输入

动态输入可以在光标位置处显示输入和命令提示等信息,方便绘图操作。

在状态栏中单击动态输入按钮　或按<F12>键可以打开或关闭动态输入功能。

可通过"草图设置"对话框的"动态输入"选项卡进行设置,如图 3.13 所示。

各主要选项功能如下。

(1)启用指针输入。启用指针输入功能。设置按钮用于设置输入第二点或后续点的指针格式和可见性。

(2)可能时启用标注输入。启用标注输入功能。设置按钮用于设置标注输入的可见性。

图 3.13　"草图设置"的"动态输入"选项卡

（3）动态提示。需要时将在光标旁边显示工具提示中的提示，以完成命令。可以在工具提示中输入值，而不用在命令行上输入值。

①在十字光标附近显示命令提示和命令输入。可在光标附近显示命令提示。

②随命令提示显示更多提示。可控制显示使用<Shift>键和<Ctrl>键进行夹点操作的提示。

（4）绘图工具提示外观按钮。单击绘图工具提示外观按钮，打开"工具提示外观"对话框，用于控制工具提示的外观。

3.3　平面图形绘制实例

【例 3.5】 使用动态输入模式，利用正交模式、极轴追踪、对象捕捉、对象捕捉追踪等绘制如图 3.14(a)所示平面图形。

参考操作步骤如下。

（1）执行直线命令，打开正交模式，提示"指定第一点："时，鼠标指定任意一点为 A 点。

（2）提示"指定下一点或［放弃(U)］："时，光标垂直下移，输入"54 ↙"确定 B 点，如图 3.14(b)所示，提示"指定下一点或［放弃(U)］："，光标水平右移，输入"50 ↙"确定 C 点，如图 3.14(c)所示。

（3）打开极轴追踪，增量角设置为 30°，提示"指定下一点或［放弃(U)］："时，光标向右上方移，出现 60°追踪线时输入"30 ↙"确定 D 点，如图 3.14(d)所示。

（4）增量角设置为 45°，提示"指定下一点或［放弃(U)］："时，光标向左上方移，出现 135°追踪线时将光标移至 A 点（捕捉追踪 A），出现（＋），水平右移光标，在极轴追踪线与对象追踪线相交点单击确认，确定 E 点，如图 3.14(e)所示，提示"指定下一点或［闭合(C)/放弃(U)］："时，输入闭合选项"C ↙"封闭图形。

（5）执行圆命令，打开对象捕捉，单击临时追踪点，单击 B 点，输入"@20,20 ↙"，找到圆心 O 点，提示"指定圆的半径或[直径(D)]："输入"10"，绘制 φ20 的圆，如图 3.14(f)所示。

（6）执行直线命令，光标移至圆心附近，待圆心符号出现，沿 0°追踪线右移光标，输入"13 ↙"，提示"指定下一点："，光标沿 180°追踪线左移光标，输入"26 ↙"，绘出水平对称中心线。重复操作，绘出垂直对称中心线。

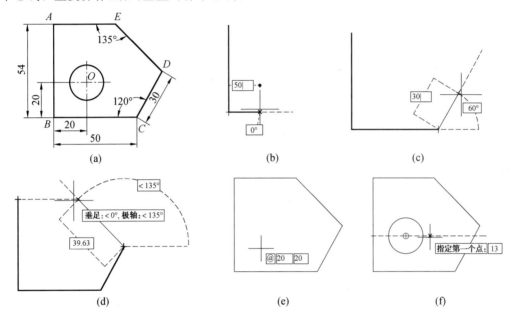

图 3.14　利用对象追踪绘制平面图形

【例 3.6】　绘制图 3.15(a)所示的平面图形。

参考操作步骤如下。

（1）执行圆命令，提示"指定圆的圆心或[三点(3P)/两点(2P)/切点、切点、半径(T)]："，光标选定绘图区任意点，提示"指定圆的半径或[直径(D)]："，输入"25 ↙"。

（2）执行正多边形命令，提示"输入侧面数 <4>："，输入"6 ↙"，提示"指定正多边形的中心点或[边(E)]："，单击圆心，提示"输入选项[内接于圆(I)/外切于圆(C)] <I>："，按<Enter>键，提示"指定圆的半径："，将光标移至圆的任意象限点单击确认，绘出内接正方形，如图 3.15(b)所示。

（3）执行直线命令，提示"指定第一点："，光标移至正四边形的任意一边中点附近待出现中点符号时单击，提示"指定下一点或[放弃(U)]："，将光标移至邻边中点附近出现中点符号时单击。依次再选第三、四边的中点连线，如图 3.15(c)所示。

（4）重新执行直线命令，提示"指定第一点："，单击圆的象限点，提示"指定下一点或[放弃(U)]："，光标移至四边形中点附近，待中点符号出现单击，如图 3.15(d)所示。重复操作绘制其他直线。

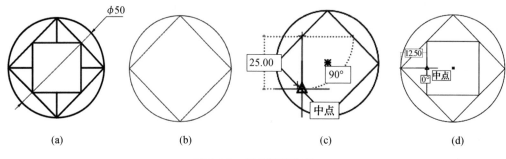

图 3.15 平面图形绘制

练 习 题

1.创建名称为"制图作业 A4"的新图形文件,设置如下。

(1)长度为"小数"格式,精度为 0.00。

(2)角度为"度/分/秒"制,精度为 0,角度测量起始方向为"东",角度正方向为逆时针。

(3)图形界限为 297 mm×210 mm。

(4)将图形界限以栅格形式显示出来。

2.状态栏内包括哪些精确绘图辅助功能?

3.对象捕捉方式有哪两种? 打开、关闭对象捕捉可使用哪个功能键?

4.自动追踪包括哪两种? 它们的异同点有哪些?

5.利用正交模式、极轴追踪、自动追踪和自动捕捉等功能,绘制图 3.16 所示的图形(不用标注尺寸)。

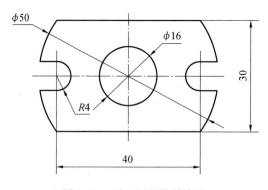

图 3.16 平面图形绘制练习

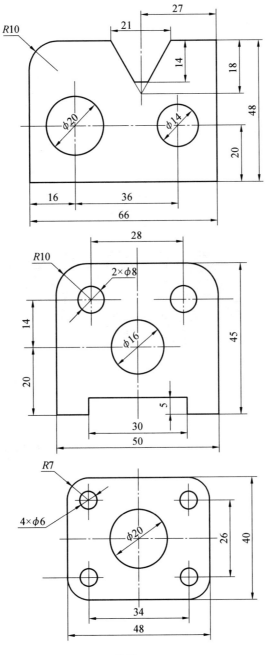

续图 3.16

第 4 章

平面图形的编辑

使用 AutoCAD 绘图命令只能绘制一些简单图形,要绘制复杂的工程图,除了借助第 3 章讲述的精确绘图辅助工具外,还需结合 AutoCAD 提供的图形编辑工具。AutoCAD 提供了强大的图形编辑命令,可对图形进行删除、移动、偏移、复制、旋转、拉伸、镜像、缩放、倒角、圆角、修剪、分解、打断和阵列等操作,熟练地运用这些命令能极大地提高绘图效率。

AutoCAD 2021 图形编辑命令大多集成在"默认"选项卡的"修改"面板,如图 4.1 所示。

图 4.1 "修改"面板

4.1 选择对象

对图形对象进行编辑修改前,首先要选择已有图形对象,然后才能进行编辑操作。另外,精确绘图时,为实现准确定位图形对象,也需要捕捉对象上的特征点,如端点、圆心和垂足等。上述都涉及对象选择问题。对象选择可以包含单个或多个对象、AutoCAD 亮显所选的对象,这些对象构成了选择集。

4.1.1 "选择集"选项卡的设置

通过"选项"对话框的"选择集"选项卡可设置对象的选择模式,包括拾取框的大小、选择集模式及夹点功能等。可按第 1 章 1.5.7 节所述打开"选项"对话框的"选择集"选项卡,如图 4.2 所示。

"选择集"选项卡中各主要选项功能如下。

(1)拾取框大小。控制拾取框的显示大小,可拖动标尺进行调整。

(2)选择集预览。当拾取框光标滚动过对象时,亮显对象。

(3)选择集模式。控制与对象选择方法相关的设置。

①先选择后执行。允许在启动命令之前选择对象。

②用 Shift 键添加到选择集。按<Shift>键选择对象可以向选择集中添加对象或从选择集中删除对象。

③隐含选择窗口中的对象。当在对象外选择了一点时,初始化选择窗口中的图形。

图 4.2　"选择集"选项卡

④对象编组。选择编组中的一个对象就选择了编组中的所有对象。

⑤关联图案填充。确定选择关联填充时将选定哪些对象。

(4)夹点尺寸。控制夹点的显示大小。

(5)夹点。与夹点相关的设置。对象被选中后,其上显示的小方块即夹点,关于夹点的具体设置见 4.6 节。

(6)功能区选项。单击上下文选项卡状态按钮,显示"功能区上下文选项卡状态选项"对话框,可以为功能区上下文选项卡的显示设置对象选择设置。

(7)预览。当拾取框光标滚动过对象时,亮显对象。

①命令处于活动状态时。仅当某个命令处于活动状态并显示"选择对象"提示时,才会显示选择预览。

②未激活任何命令时。即使未激活任何命令,也可显示选择预览。

③视觉效果设置按钮。显示"视觉效果设置"对话框。

④特性预览。控制在将鼠标悬停在控制特性的下拉列表和库上时,是否可以预览对当前选定对象的更改。特性预览仅在功能区和"特性"选项板中显示,在其他选项板中不可用。

4.1.2　对象选择方式

一般情况下,执行图形编辑操作命令后,命令行会提示:"选择对象:",同时绘图区域的光标将由十字靶标变为拾取框光标。AutoCAD 2021 提供了比较灵活的对象选择方法,可以在执行编辑命令前先选择对象,也可以在执行编辑命令后选择对象,两种方法所选中的对象的显示形式略有不同。常用的对象选择方式如下。

1.点选方式

通过鼠标单击单个对象来进行选择,这种方法适用于选择少量或分散对象。

(1)先选择后执行。执行编辑命令前先选择对象,被选中的对象变为夹点亮显(图4.3(a))。

(2)先执行后选择。即先执行编辑命令后选择对象。被选中的对象仅变为亮显(图4.3(b))。

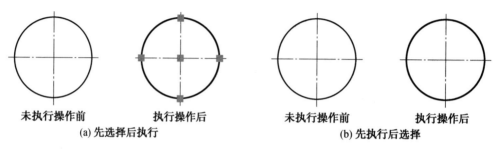

图 4.3　先选择后执行和先执行后选择对象显示的变化

2.框选方式

通过鼠标在绘图区域拉取矩形框来选择多个对象。

(1)窗口(Window,W)选择方式。通过从左向右拖动光标指定对角线的两个端点来定义一个矩形窗口,处于此窗口内的所有对象均被选中,此时矩形窗口中的颜色为浅蓝色,边线为实线。在绘图区域指定第一个对角点后,命令行提示中各选项功能如下。

①栏选(F)。围线选择方式。用户可用此选项构造任意折线,凡是与该折线相交的实体均被选中。

②圈围(WP)。多边形窗口方式。该选项与 Window 选择方式相似,但它可构造任意 形状的多边形区域,包含在多边形区域内的图形均被选择。

③圈交(CP)。交叉多边形窗口选择方式。该命令与 Crossing 选择方式相似,但它可构造任意多边形,该多边形区域内的目标以及与多边形边界相交的所有目标均被选中。

(2)交叉窗口(Crossing,C)选择方式。通过从右向左拖动光标指定对角线的两个端点来定义一个矩形窗口选择,窗口内和与窗口四边相交的图形都被选中,此时矩形窗口中的颜色为浅绿色,边线为虚线。此选择方式的命令行提示选项与和窗口选择方式完全相同。

4.2　调整对象

4.2.1　删除

删除命令用于删除绘图区中已有的图形对象。从"修改"面板单击 按钮或直接从命令行输入"ERASE(E)"可执行该命令。

用删除命令删除实体后,该实体只是临时性地被删除,只要不退出当前图形,可用 OOPS 或 UNDO 命令将删除的实体恢复。另外,使用鼠标选取要删除对象,然后单击键盘<Delete>键也可删除图形对象。

4.2.2 移动

移动命令用于把图形对象移至新位置而不改变对象的尺寸和方位。

从"修改"面板单击移动按钮✛ 移动或直接在命令行中输入"MOVE(M)"可执行该命令。

移动命令有两种选项:基点法和相对位移法,功能如下。

(1)基点法。即指定选择对象拖动和插入的基准点,基点可以选在被移动的对象上,也可以不在被移动的对象上,此选项为移动命令默认选项。执行移动命令后,命令行提示"MOVE 选择对象:"→选择移动对象→"指定基点位置"→指定基点,拖曳移动图形对象到相应位置。

(2)相对位移法。指定相对距离和方向,指定的两点之间定义了一个位移矢量,指示移动对象的放置离原位置有多远以及哪个方向放置。

【例 4.1】 用移动命令将图 4.4(a)中的大小圆及螺纹平移至正六边形内,结果如图 4.4(b)所示。

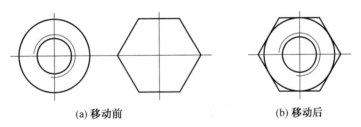

(a) 移动前   (b) 移动后

图 4.4 移动图形

参考操作步骤如下。

(1)打开对象捕捉模式。

(2)单击✛ 移动按钮。

(3)提示"选择对象:"时,窗口(W)选择大小圆及螺纹。

(4)提示"指定基点或[位移(D)]<位移>:"时,指定圆的中心点。

(5)提示"指定第二个点或<使用第一个点作为位移>:"时,拖曳图形,捕捉到正六边形的中心点,单击,完成图形绘制。

4.2.3 旋转

旋转命令用于将选定图形对象围绕一个指定的基点进行旋转。该命令需要先确定一个基点,所选对象将绕该基点旋转。

从"修改"面板单击旋转命令按钮⟳ 旋转或在命令行中输入"ROTATE(R)"可执行

该命令。

执行旋转命令后,命令行提示"ROTATE 选择对象:"→选择对象后,命令行上方显示"UCS(用户坐标系)当前正角方向:ANGDIR＝逆时针 ANGBASE＝0",表示当前正角度方向为逆时针方向,与 X 轴正方向的夹角为 0°,→单击＜Enter＞键,命令行提示"ROTATE 指定基点:",此时,输入一点作为旋转的基点,可以输入绝对坐标,也可以是相对坐标,或者在绘图区捕捉一指定基点后,系统提示"指定旋转角度或[复制(C)/参照(R)]:",其中各选项功能如下。

(1)指定旋转角度。对象相对于基点的旋转角度,有正、负之分。当输入正角度值时,对象沿逆时针方向旋转;反之,则沿顺时针方向旋转,此选项为默认选项。

(2)复制(C)。旋转后保留源对象。

(3)参照(R)。执行该选项后,可用参考角度来控制旋转角。图形对象最终旋转角度是参考角度和指定角度的差值。

提示:基点选择与旋转后的图形的位置有关。因此,应根据绘图需要准确捕捉基点,且基点最好选择在已知的对象上,不容易引起混乱。

【例 4.2】 用旋转命令将图 4.5 所示的矩形由图 4.5(a)旋转复制至图 4.5(b)。

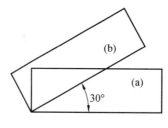

图 4.5　旋转图形

参考操作步骤如下。

(1)打开对象捕捉模式,单击 旋转 按钮。

(2)提示"UCS 当前的正角方向:ANGDIR ＝逆时针 ANGBASE ＝0 选择对象:"时,选择矩形对象。

(3)提示"指定基点:"时,捕捉矩形左下角点为基点。

(4)提示"指定旋转角度,或[复制(C)/参照(R)]＜0＞:"时,输入"C↙"。

(5)提示"指定旋转角度,或[复制(C)/参照(R)]＜0＞:时,输入"30 ↙",此时矩形逆时针旋转 30°。

4.3　创建对象副本

4.3.1　复制

复制命令用来将已有对象复制到指定的位置,并保留原来的对象,可连续多次复制。

从"修改"面板单击复制按钮 复制 或在命令行中输入"COPY(CO)"可执行该命令。

执行命令后命令行中各选项功能如下。

(1)基点。指定复制对象时的基准点,与前述移动基点定义相同。

(2)位移(D)。与前述移动位移定义相同。

(3)模式(O)。控制命令是否自动重复。

4.3.2　镜像

镜像命令用于创建对象的对称图形,操作时需指出对称线。对称线可以是任意方向的,原实体可以删去或保留。

可从"修改"面板单击镜像按钮 △ 镜像 或在命令行中输入"MIRROR(MI)"来执行该命令。

执行镜像命令后,系统提示的主要选项功能如下。

(1)"选择对象:"选取镜像目标。

(2)"指定镜像线的第一点:"输入对称线第一点。

(3)"指定镜像线的第二点:"输入对称线第二点。

(4)"要删除源对象吗?〔是(Y)/否(N)〕<N>:"选择从图形中删除或保留原始 对象,默认值是保留原始对象。

【例 4.3】　按第 2 章练习题 4 所给尺寸绘制图 4.6(a),然后用镜像命令生成图 4.6 (b)所示的轴。

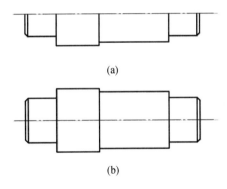

(a)

(b)

图 4.6　镜像图形

参考操作步骤如下。

(1)使用给方向给距离法按给定尺寸绘制图 4.6(a)。

(2)打开对象捕捉模式,执行 MIRROR 命令。

(3)提示"选择对象:"时,从右向左以交叉窗口选择方式选择除点画线以外的所有图形。

(4)提示"指定镜像线的第一点:"时,捕捉到点画线左侧端点。

(5)提示"指定镜像线的第二点:"时,捕捉到点画线右侧端点。

(6)提示"要删除源对象吗?〔是(Y)/否(N)〕<N>:"时,按<Enter>键选默认值,不删除源对象,结束命令。绘制图形如图 4.6(b)所示。

4.3.3　阵列

阵列命令用于将指定对象按矩形、环形和路径方式复制多个,分别称为矩形阵列、环形阵列和路径阵列。

1. 矩形阵列

矩形阵列命令是使所选对象按方阵的形式复制排列。

从"修改"面板单击 ▦ 阵列 ▾ 下拉箭头选择 ▦ 矩形阵列 或在命令行中输入"ARRAY(AR)"可执行该命令。

执行矩形阵列命令,选择阵列对象后,功能区会出现"阵列创建"选项卡,如图 4.7 所示,可在面板中对各选项进行设置,此时绘图区将实时显示阵列效果,设置完成后单击关闭阵列按钮。

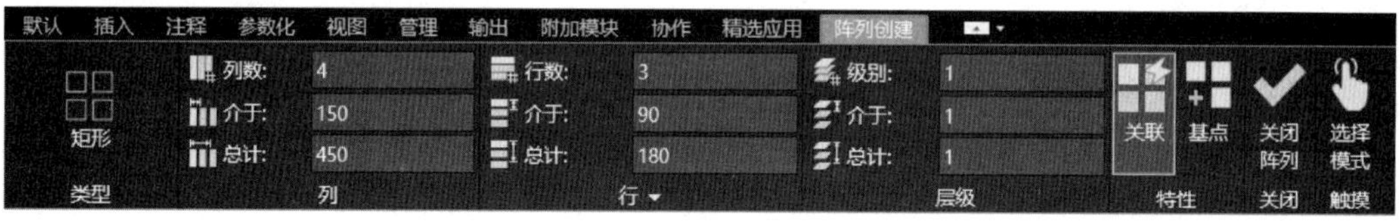

图 4.7　"阵列创建"选项卡(矩形)

选项卡中各选项功能如下。

(1)行数。输入矩形阵列的行数。

(2)列数。输入矩形阵列的列数。

(3)级别。指定三维阵列的层数。

(4)介于。输入矩形阵列的行间距、列间距或层间距。

(5)总计。输入矩形阵列的总计行间距、列间距或层间距。

(6)关联。选择定阵列后的对象是一个整体,否则为单个独立。

(7)基点。重新定义阵列基点和基点夹点的位置。

2. 环形阵列

环形阵列命令是使所选对象围绕中心点或旋转轴以环形均匀分布的形式复制排列。

从"修改"面板单击 ▦ 阵列 ▾ 下拉箭头选择 ◌◌ 环形阵列 或在命令行中输入"arraypolar"可执行该命令。

执行环形阵列命令,在选择对象及指定阵列中心点后,功能区会出现相应的"阵列创建"选项卡,如图 4.8 所示,可以对阵列各选项进行设置,此时绘图区将实时显示阵列效果,设置完成后单击关闭阵列按钮。

图 4.8　"阵列创建"选项卡(环形)

选项卡中各选项功能如下。

(1)极轴。绕中心点或旋转轴的环形阵列中均匀分布对象副本。

(2)项目数。输入环形阵列复制份数。

(3)介于。输入项目之间的角度。

(4)填充。环形阵列角度,默认为360°(一周)。

(5)行数。指定阵列中的行数、它们之间的距离以及行之间的增量标高。

(6)级别。三维阵列的层数和层间距。

(7)旋转项目。控制在阵列项目时是否旋转对象。

(8)关联。选择关联后阵列后的对象是一个整体,否则为单个独立。

(9)基点。重新定义阵列基点和基点夹点的位置。

(10)方向。控制阵列旋转方向。

提示如下。

①矩形阵列时,输入的行距和列距若为负值,则加入的行在原行的下方,加入的列在原列的左方。对环行阵列,输入的角度为负值,即为顺时针方向旋转。

②矩形阵列的列数和行数均包含所选对象,环形阵列的复制份数也包括原始对象在内。

3.路径阵列

路径阵列命令是使所选对象均匀地沿给定路径或部分路径复制排列。

从"修改"面板单击██ 阵列 ▼下拉箭头选择◌◌◌路径阵列或在命令行中输入"arraypath"可执行该命令。

执行路径阵列命令,选择阵列对象及路径后,功能区会出现相应的"阵列创建"选项卡,如图4.9所示,可以对阵列各选项进行设置,此时绘图区将实时显示阵列效果,设置完成后单击关闭阵列按钮。

图4.9 "阵列创建"选项卡(路径)

选项卡中各选项功能如下。

(1)路径。路径可以是直线、多段线、三维多段线、样条曲线、螺旋、圆弧、圆或椭圆。

(2)项目数。当方法为"定数等分"时可用,指定阵列中的项目数。

(3)介于。当方法为"定距等分"时可用,指定阵列中的项目距离。

(4)行数。设定阵列的行数。

(5)级别。设定阵列的层数。

(6)关联。选择关联后,阵列后的对象将是一个整体;否则,为单个独立。

(7)基点。定义阵列基点和基点夹点的位置。

(8)切线方向。指定阵列中的项目如何相对于路径的起始方向对齐。

(9)定数等分。沿整个路径长度均匀地分布对象。如"项目"面板中的介于文本框灰显,则禁止输入。

（10）定距等分。以特定间隔分布对象。"项目"面板的项目数文本框灰显,则禁止输入。

（11）对齐项目。指定是否对齐每个项目,以与路径的方向相切。

【例4.4】 如图4.10所示,用阵列命令将图4.10(a)左下角的小圆对象复制成5列4行矩形排列的图形,列距为20 mm,行距为15 mm;将图4.10(b)左图中的正六边形阵列为右图所示形式,各六边形之间旋转60°。

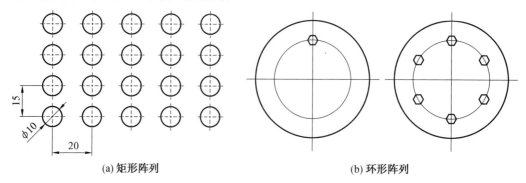

(a) 矩形阵列　　　　　　　　　　(b) 环形阵列

图4.10　矩形和环形阵列练习

矩形阵列,参考操作步骤如下。

（1）打开捕捉模式,绘制圆及点画线。

（2）从"修改"面板单击 阵列 下拉箭头选择 矩形阵列。

（3）提示"选择对象:",选择圆及点画线。

（4）此时,系统按默认值在绘图区自动绘制4行3列将对象阵列,并同时打开"阵列创建"选项板（矩形）。在选项板选项中对参数进行调整,输入列数:5,介于:20,行数:4,介于:15,其他选项为默认值。

（5）单击关闭阵列按钮结束命令,完成绘制。

环形阵列,参考操作步骤如下。

（1）绘制图4.10(b)左侧图形。

（2）从"修改"面板单击 阵列 下拉箭头选择 环形阵列。

（3）提示"选择对象:",选择正六边形。

（4）提示"指定阵列的中心点或[基点(B)/旋转轴(A)]:",拾取大圆中心点作为阵列环绕中心,此时系统取默认值自动绘制,绘图区显示均匀环绕排列的6个正六边形,并同时打开"阵列创建"选项卡（环形）;在选项卡中对参数进行调整,输入项目数:6,介于:60,填充角度:360,旋转项目按钮为启用状态。

（5）单击关闭阵列按钮,结束命令,绘图结果如图4.10(b)所示。

4.3.4　偏移

偏移命令用来创建与已有对象平行的另一个对象。偏移命令可以创建同心圆、平行线和平行曲线。若偏移的对象为封闭体,则偏移后图形被放大或缩小,但原实体不变。

从"修改"面板单击 按钮或在命令行中输入"OFFSET(O)"可执行该命令。

执行命令后,命令行中各选项功能如下。

(1)偏移距离。两平行对象之间的距离。

(2)通过(T)。偏移对象通过某个点。

(3)删除(E)。偏移操作结束后删除源对象。

(4)图层(T)。偏移对象是在当前图层还是源对象所在图层上。

偏移命令是单对象编辑命令,每次只能选择一个实体进行一次偏移复制,若要用同样距离多次偏移同一对象或不同对象,需多次重复进行。

4.4 修改对象

4.4.1 修剪

AutoCAD 2021 将修剪和延伸集成在一起,因此两命令可认为互为逆过程。

修剪命令用于部分剪除(删除)对象,即将对象沿指定的剪切边处被剪掉,被修剪的对象可以是直线、圆弧、多段线、样条曲线和射线等。

从"修改"面板单击修剪按钮 ✂ 修剪 ▾ 或在命令行中输入"TRIM(T)"可执行该命令。

执行修剪命令后,命令行提示中各选项功能如下。

(1)剪切边(T)。此选项下,先选择剪切边,再选择对象要修剪部分。操作步骤如下:在命令行输入"T"后,系统提示"选择对象:",选择剪切边界→系统提示"选择对象:",此时选择对象的被修剪部分,进行修剪操作。可以选择多个修剪对象,按<Enter>键退出命令。

(2)窗交(C)。选择矩形区域内部或与之相交的对象。

(3)模式(O)。系统提供两种修剪模式:快速模式(O)和标准模式(S)。快速模式下,单击修剪按钮后,系统会自动识别修剪边直接开始剪切对象,大大方便了操作。系统若找不到修剪边界,则会将整个对象删除,实际上变为了删除命令。标准模式下,先选择剪切边,再选择对象的要修剪部分,在此模式下,系统若找不到剪切边,则不会修剪(删除)。

(4)投影(P)。指定修剪对象时使用的投影方法,此选项适用于三维造型。

(5)删除(R)。删除选定的对象,用来删除不需要的对象的简便方式,而无须退出修剪命令。

提示如下。

①系统默认设置为快速修剪模式。如果将默认设置修改为标准模式,则下次操作时,系统自动把标准模式设为默认设置。

②在快速修剪模式下,系统支持以画线的方式来剪除(删除)对象。具体操作为:当系统提示"选择对象:"时,按住鼠标左键,在绘图区滑过(相当于选择)所需剪除掉的多个对

象,此时,绘图区会出现一条虚曲线,松开鼠标,所有与曲线相交的对象皆被剪除(删除)。

4.4.2 延伸

延伸命令用于把直线、弧和多段线等的端点延长到指定的边界。

从"修改"面板单击延伸按钮 → 延伸 ▼ 或在命令行中输入"EXTEND(D)"可执行该命令。

延伸各选项含义与修剪命令类似。操作时,需注意在不同模式下命令行提示不同,默认条件下,系统打开的是快速模式,各选项功能在此不再赘述。在修剪和延伸之间切换的简便方法是:选择要修剪或延伸的对象,按住<Shift>键,系统将改变原来的操作方式,此时注意命令行提示。

【例4.5】 使用偏移和修剪命令绘制学生用工程图标题栏框,尺寸如图2.16所示。参考操作步骤如下。

(1)使用给方向给距离方式绘制140 mm×32 mm长方形框。

(2)单击 ⊑ ,系统提示"指定偏移距离:",输入偏移距离"15 ↙"→"选择要偏移的对象:",选择最左侧竖线,然后往偏移方向(右侧)单击,绘出第一条竖线,"↙↙"(按两次回车键,第一次为结束当前操作,第二次为重复上次命令),然后重复以上操作依次输入"25""20""15""35""15",完成标题栏框竖线绘制。

(3)单击 ⊑ ,按步骤(2)方式绘出标题栏框横线。

(4)单击 ✂ 修剪 ▼ ,选择快速模式,系统会自动识别剪切边界,点选需修剪的部分将其剪去,完成标题栏框。

4.4.3 缩放

缩放命令可以将选中的对象相对于基点按比例进行放大或缩小,改变实体的尺寸大小。

从"修改"面板单击 ⊓ 缩放 按钮或在命令行中输入"SCALE(SC)"可执行该命令。

执行缩放命令后,命令行提示中各选项功能如下。

(1)基点。指在比例缩放中的基准点(即缩放中心点)。一旦选定基点,拖动光标时,图像将按移动光标的幅度(光标与基点的距离)放大或缩小。另外,也可以输入具体的比例因子进行缩放。

(2)比例因子。按指定的比例缩放选定对象。

(3)参照(R)。用参考值作为比例因子缩放操作对象。

提示如下。

①当比例因子大于1时,放大实体;大于0且小于1时,缩小实体。比例因子可以用分数表示。

②基点可选在图形上的任何地方,当目标大小变化时,基点保持不动。基点的选择与缩放后的位置有关。最好选择实体的几何中心或特殊点,以便缩放后目标仍在附近位置。

【例4.6】 使用缩放命令将图4.11(a)缩放成图4.11(b)。

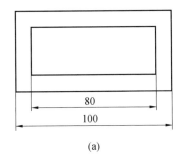
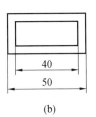

图 4.11　比例缩放

参考操作步骤如下。

(1)打开捕捉模式,使用矩形和偏移命令绘制左图。

(2)单击 缩放,系统提示"选择对象:",使用窗口选择方式选择大、小矩形。

(3)提示"指定基点:",选择大矩形左下角点为缩放基点。

(4)提示"指定比例因子:",输入比例因子"0.5↙",完成图形绘制。然后对右侧图形进行尺寸标注。

4.4.4　拉伸

拉伸命令用于按指定的方向和角度拉长或缩短实体。实体的选择只能用交叉窗口选择方式,与窗口相交的实体将被拉伸,而窗口内的实体将随之移动。

从"修改"面板单击 拉伸按钮或在命令行中输入"STRETCH(ST)"可执行该命令。

执行拉伸命令后,命令行提示中各选项功能如下。

(1)选择对象。以交叉窗口或交叉多边形方式选择对象。

(2)指定基点或位移。指定拉伸基点或位移。

提示如下。

①使用拉伸命令时,若所选实体全部在交叉框内,则移动实体,等同于移动命令;若所选实体与选择框相交,则实体将被拉长或缩短。

②能被拉伸的实体有线段、弧、多段线,但该命令不能拉伸圆、文字、块和点当其在 交叉窗口之内时可以移动。

【例 4.7】　用拉伸命令将图 4.12(a)所示的图形拉伸为图 4.12(c)所示的图形。

参考操作步骤如下。

(1)绘制图 4.12(a)所示的图形。

(2)单击 拉伸按钮。

(3)提示"选择对象:"时,以交叉窗口选择方式选择对象,如图 4.12(b)所示。

(4)提示"指定基点或[位移(D)]<位移>:"时,选择矩形右上侧角点,然后拖动鼠标进行水平拉伸。

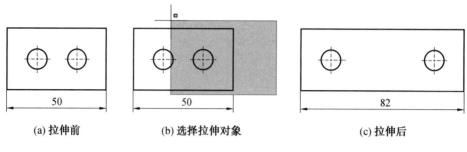

(a) 拉伸前   (b) 选择拉伸对象   (c) 拉伸后

图 4.12   拉伸图形

4.5   拆分和修饰对象

4.5.1   分解

分解命令可以把多段线、尺寸和块等由多个对象组成的一个实体分解成若干独立实体。

从"修改"面板单击分解按钮，或在命令行中输入"EXPLODE(X)"可执行该命令。提示如下。

①可以分解的对象包括块、多段线及面域等。

②分解对象的颜色、线型和线宽可能改变。

【例 4.8】   用分解命令将图 4.13(a)所示的矩形分解为四段直线,结果如图 4.13(b)所示。

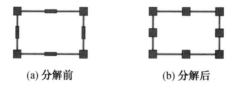

(a) 分解前   (b) 分解后

图 4.13   图形分解

参考操作步骤如下(可用夹点查看结果)。

(1)执行矩形命令,绘制矩形。

(2)单击按钮。

(3)提示"选择源对象:"时,选择矩形,对图形进行分解。

(4)再次窗选两图形,即显示如图 4.13 所示效果。

4.5.2   倒角

倒角命令用于按用户设置的距离或角度给对象倒角。操作时应先设定倒角距离,然后再选定被倒角直线。

从"修改"面板单击 圆角 下拉箭头选择 倒角 按钮,或在命令行中输入"CHAM-

FER(CHA)"可执行该命令。

执行倒角命令后,命令行提示中各选项功能如下。

(1)放弃(U)。恢复在命令中执行的上一个选项。

(2)多段线(P)。对整个二维多段线倒角。

(3)距离(D)。设置第一、第二倒角距离。具体含义见图 4.14(b)虚线框所示。

(4)角度(A)。用第一条线的倒角距离和倒角角度设置倒角距离。

(5)修剪(T)。设置修剪模式,被选择的对象或在倒角线处被剪裁或保留原来的样子。

(6)方式(E)。在距离(D)和角度(A)两个选项之间选择一种方式。

(7)多个(M)。为多组对象倒角。

提示如下。

①若指定的两直线未相交,则倒角命令将延长它们使其相交,然后再倒角。

②若设置为修剪选项,则倒角生成,原有的线段被剪切;若设置为不修剪,则线段不会被剪切。

③倒角命令将自动把上次命令使用时的设置保存直至修改。

④倒角命令可以对直线、多段线进行倒角,但不能对弧、椭圆弧倒角。

4.5.3　圆角

圆角命令除用于对两个对象进行圆弧连接外。使用此命令应先指定圆角半径,再进行圆角操作。

从"修改"面板单击 **圆角** ▼ 下拉箭头选择 **圆角** ▼ 按钮或在命令行中输入"FILLET(F)"可执行该命令。

倒角命令和圆角命令集成在同一个选项板下,其操作方式大致相同。因此,以下仅就执行圆角命令后系统提示的选项功能做简要介绍,其他选项参考倒角命令。

(1)多段线(P)。给二维多段线中的每个顶点处倒圆角。

(2)半径(R)。指定倒圆角的半径。

提示:圆角命令将自动把上次命令使用时的设置保存,直至修改。

【例 4.9】 用倒角命令和圆角命令对图 4.14(a)所示轴的两端面倒角(C2),在轴肩处倒圆角(R1)。结果如图 4.14(b)所示。

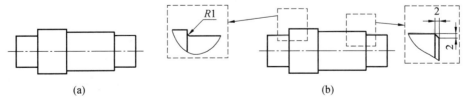

图 4.14　倒角和倒圆角

参考操作步骤如下。

(1)倒角。

①执行 ▮ 倒角 命令。

②提示"选择第一条直线或[放弃(U)/多线段(P)/距离(D)/角度(A)/修剪(T)/方法(M)]:",设置倒角距离,输入"D✓"。

③提示"指定第一个倒角距离:"时,输入第一倒角距离"2✓"。

④提示"指定第二个倒角距离:"时,输入第二倒角距离"2✓"。

⑤提示"选择第一条直线:"时,拾取相关直线。

⑥提示"选择第二条直线:",拾取相关直线,完成倒角。

⑦两端倒角均按上述步骤操作执行。

(2)倒圆角。

①执行 ▮ 圆角 ▾ 命令。

②提示"选择第一个对象或[放弃(U)/多段线(P)/ 半径(R)/修剪(T)/多个(M)]:"时,输入"R✓"。

③提示"指定圆角半径<0.000 0>:"时,输入"1✓"。

④提示"选择第一个对象:"时,拾取相关直线。

⑤提示"选择第二条直线:"时,拾取相关直线,完成倒圆角。

⑥其余 6 处倒圆角均按上述步骤操作执行。

提示如下。

①零部件制造过程中,为了去除机械加工后的毛刺和锐边,便于装配和保护装配面,在零件的端部常加工成 45°倒角;为了避免因应力集中而产生裂纹,在轴肩处往往用圆角过渡(倒圆)。这是倒角和倒圆角的工程语义。

②倒角和倒圆角的默认修剪(T)模式选项为对对象进行修剪。用户在工程图绘制时可不对此参数进行修改,直接选择默认模式进行编辑操作即可。

4.5.4 打断

打断命令可在两点之间打断选定对象。该命令可通过选择物体后再指定两点这两种方式断开实体。

从"修改"面板单击打断按钮▮▮或在命令行中输入"BREAK(BR)"可执行该命令。

执行打断命令后,命令行中各选项功能如下。

(1)第二个打断点。指定用于打断对象的第二个点。

(2)第一点(F)。用指定的新点替换原来的第一个打断点。

提示:对圆或圆弧进行断开操作时,要按逆时针方向进行操作,即第二点应相对于第一点逆时针方向。

【例 4.10】 用打断命令断开图 4.15(a)所示螺纹外圆,将其绘制成 3/4 圆,结果如图 4.15(c)所示。

参考操作步骤如下。

(1)画出图 4.15(a)。

(2)执行打断命令。

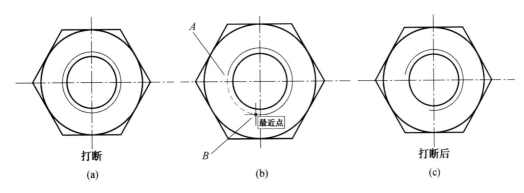

图 4.15 打断实体

（3）提示"选择对象："时,选择 *A* 点,系统默认选择对象的拾取点为第一个打断点。

（4）提示"指定第二个打断点或［第一点（F）］："时,逆时针拖动鼠标,目视约 1/4 圆后选择第二点 *B* 点,如图 4.15（b）所示,即完成绘制。

4.6　使用夹点快速编辑图形

4.6.1　夹点概述

在无命令的状态下选择对象时,被选中的实体变为亮显图线,对象的关键点和特征点上将出现一些带颜色的小方框,这些小方框被称为对象的夹点（Grips）,也称为冷夹点,默认状态下显示为蓝色（图 4.16）。AutoCAD 为每个图形对象均设置了夹点。夹点编辑模式是一种方便、快捷的编辑操作途径,拖动这些夹点可以快速拉伸、移动、旋转、缩放或镜像对象。熟练地使用夹点功能,能大大提高绘图效率。

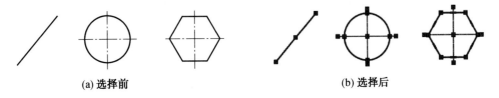

图 4.16　常见图形对象上夹点的位置

4.6.2　夹点设置

夹点命令的设置主要在"选项"对话框"选择集"选项卡内进行（图 4.2 所示）。与夹点设置对应的选项说明如下。

（1）夹点尺寸。拖动标尺可改变夹点框的大小。

（2）夹点。

①夹点颜色按钮。指定不同夹点状态和元素的颜色。

②显示夹点。控制夹点在选定对象上的显示。

③在块中显示夹点。控制块中夹点的显示。

④显示夹点提示。当光标悬停在夹点上时,显示夹点的特定提示。

⑤显示动态夹点菜单。控制在将光标悬停在多功能夹点上时动态菜单的显示。

⑥允许按<Ctrl>键循环改变对象编辑方式行为。按<Ctrl>键循环改变多功能夹点对象编辑方式行为。

⑦对组显示单个夹点。显示对象组的单个夹点。

⑧对组显示边界框。围绕编组对象的范围显示边界框。

⑨选择对象时限制显示的夹点数。选择集包括的对象多于指定数量时,不显示夹点,有效值的范围从 1~32 767,默认设置是 100。

4.6.3　使用夹点编辑对象

夹点激活后,夹点由蓝色变为红色小方块(激活夹点)。激活后,对夹点进行相关的编辑操作有以下方式。

(1)在右键快捷菜单中选择有关操作。

(2)按空格键或<Enter>键循环选择拉伸、移动、缩放、旋转、镜像五种操作,然后按命令行提示进行后续操作。

1.拉伸对象

激活夹点后,命令行提示如下。

"＊＊拉伸＊＊

指定拉伸点或[基点(B)/复制(C)/放弃(U)/退出(X)]:"

如果直接选择一个新点,则将点(即激活的夹点)拉伸到该点。其他选项功能如下。

(1)基点(B)。重新指定一个基点,新基点可以不在夹点上。

(2)复制(C)。允许多次拉伸,每次拉伸都生成一个新对象。

(3)放弃(U)。放弃编辑。

(4)退出(X)。退出编辑。

2.移动对象

激活夹点后,命令行提示为拉伸模式,按空格键或<Enter>键后,进入移动模式,命令行提示如下。

"＊＊移动＊＊

指定移动点或[基点(B)/复制(C)/放弃(U)/退出(X)]:"

其选项的含义和拉伸模式下的含义基本相同。

3.缩放对象

切换空格键或<Enter>键进入缩放模式,命令行提示如下。

"＊＊比例缩放＊＊

指定比例因子或[基点(B)/复制(C)/放弃(U)/参照(R)/退出(X)]:"

如果在此提示下直接输入一个数,则图形对象将以该数为比例因子进行缩放。其他选项含义同旋转对象命令。

4. 旋转对象

切换空格键或<Enter>键进入旋转模式,命令行提示如下。

"＊＊旋转＊＊

指定旋转角度或[基点(B)/复制(C)/放弃(U)/参照(R)/退出(X)]:"

如果指定一个旋转角度,系统将以选中的夹点为基点来旋转对象。其中,参照(R)选项意为使用参照方式确定旋转角度。其他选项与拉伸模式基本相同。

5. 镜像对象

进入镜像模式,命令行提示如下。

"＊＊镜像＊＊

指定第二点或[基点(B)/复制(C)/放弃(U)/退出(X)]:"

如果此时指定一点,系统将用该点和基点(激活的夹点)确定镜像轴,执行镜像操作。其他选项含义同旋转对象命令。

提示如下。

①通过"选项"对话框的"选择集"选项卡,可以设置夹点的相关特性,详见 3.1 节。

②消除夹点符号可按<Esc>键。

工程图绘制过程中会经常遇到调整直线或圆弧尺寸的例子,使用夹点进行其尺寸微调是一种方便快捷的图形编辑方式。

【**例 4.11**】 使用夹点命令将图 4.17(a)所示的竖直点画线缩短至图 4.17(b)所示,使其符合工程图绘制要求。

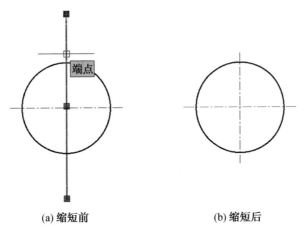

(a) 缩短前　　　　　　　　　(b) 缩短后

图 4.17　使用夹点缩短竖直点画线

参考操作步骤如下。

(1)绘制如图 4.17(a)所示图形。

(2)单击竖直点画线,出现蓝色夹点。

(3)激活竖直点画线的上端夹点,使其变为红色。拖动红色夹点缩短点画线至合适位置单击鼠标左键。

(4)缩短下方点画线的操作与上述操作步骤相同。完成后如图 4.17(b)所示。

练 习 题

1.窗口方式和窗交方式构造选择集的区别是什么?

2.修剪和延伸编辑命令执行时有何异同?操作时两者如何转换?试述修剪和延伸命令中"快速"和"标准"选项操作上的异同。

3.采用给方向给距离方式、偏移命令和修剪命令绘制 A3(420 mm×297 mm)图纸图框及标题栏,如图 4.18 所示,标题栏尺寸如图 2.16 所示。

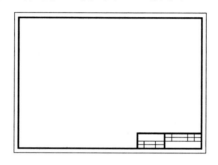

图 4.18　A3 图纸图框及标题栏

4.按尺寸绘制吊钩平面图形(图 4.19)。

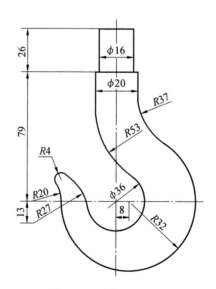

图 4.19　吊钩平面图形

5.按尺寸绘制中国铁路徽标(图 4.20)。

6.使用图形编辑命令,绘制图 4.21 所示平面图形。要求:使用 A4 图幅,不用标注尺寸。

7.绘制如图 4.22 所示三视图,右下角为立体参考图。要求:不按尺寸绘制,使用构造线作为绘图辅助线,重点练习编辑命令的操作。

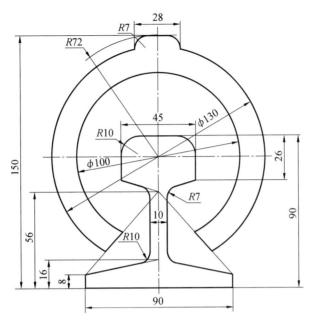

图 4.20　中国铁路徽标

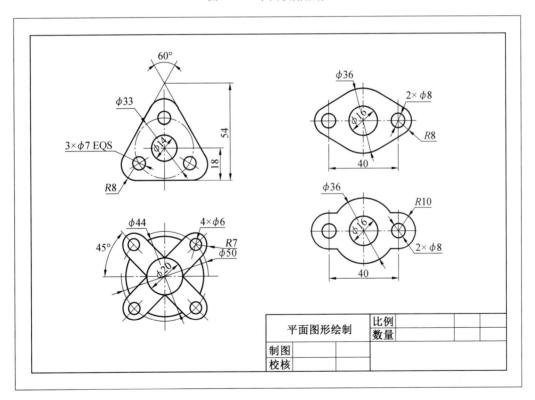

图 4.21　平面图形绘制

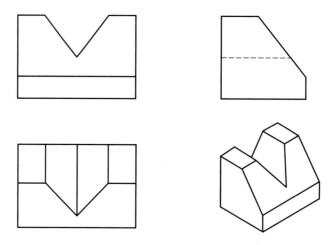

图 4.22   三视图绘制

第 5 章

图层与对象特性

一张完整的工程图样，一般包含视图、尺寸、技术要求文字信息以及图纸格式等内容，而且每一部分的线型、线宽和颜色各不相同。如何利用计算机复杂计算的优势对上述众多信息进行分类组织管理，使其比手工绘图更加灵活高效，AutoCAD 的创新性给出了用图层来管理和组织图形及其他信息的解决方案。这种类似于用叠加的方法来存放图形信息的绘图方式也成为 AutoCAD 绘图软件极为重要的特点。由于能高效简便地管理工程图，图层工具也成为其他各种绘图软件的标配。

5.1　图层的概念

手工绘图时，图纸只有一张，因此没有图层的概念。但在 AutoCAD 里，可利用图层命令将一张图样分成若干层。这里，图层就相当于没有厚度的透明纸，可将实体画在上面。一个图层只能画一种线型和赋予一种颜色，要画多种线型就要设置多个图层。这些图层就像透明纸一样重叠在一起，构成一张完整的图样。AutoCAD 绘图时，只需激活图层命令，就可创建命名带有线型和颜色的不同图层。画图时，需画哪一种线型，就把哪一层设为当前图层。例如，虚线图层为当前图层时，用直线命令及其他各种绘图命令所绘制的图线均为虚线；若中心线层为当前图层，则所画图线均为点画线。另外，还可根据需要对图层进行开关、冻结解冻或是锁定解锁，给绘图和图形管理带来了极大的方便。

5.2　图层的创建和使用

开始绘图之前，首先需要创建并命名图层，设置每层上的颜色、线型和线宽，在随后的绘图过程中，在该层上创建的对象则默认采用这些特性。通过"图层"面板(图 5.1)可方便地对图层进行设置及分类管理。

图 5.1　"图层"面板

"图层"面板中常用按钮的功能如下。

(1)图层特性按钮 。单击该按钮，系统将打开"图层特性管理器"对话框，可以进行图层的设置、修改和查看。

（2）开/关按钮![icon]/![icon]。打开或关闭选定对象的图层。

（3）隔离/取消隔离按钮![icon]/![icon]。隐藏或锁定除选定对象的图层之外的所有图层。

（4）冻结/解冻按钮![icon]/![icon]。冻结或解冻选定对象的图层。

（5）锁定/解锁按钮![icon]/![icon]。锁定或解锁选定对象的图层。

（6）对象的图层置为当前按钮![icon]。单击此按钮，选取一个图层对象后，系统将该对象所在的图层设置为当前图层。

（7）匹配按钮![icon]。将选定对象的图层更改为与目标图层相匹配。如果在错误的图层上创建了对象，可以通过选择目标图层上的对象来更改该对象的图层。

5.2.1　创建和设置图层

利用"图层特性管理器"对话框可以方便、快捷地创建图层，设置图层的特性及控制图层的状态。

单击"图层"面板中的图层特性按钮![icon]，或者在命令行中输入"LAYER(LA)"即可打开"图层特性管理器"对话框，对图层进行创建、设置及管理，如图 5.2 所示。

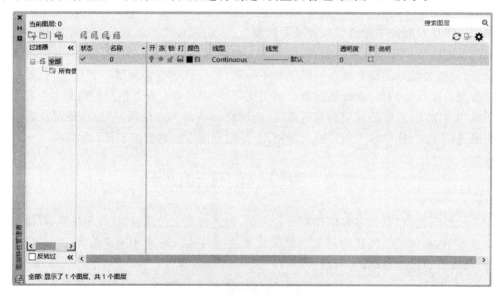

图 5.2　"图形特性管理器"对话框

"图层特性管理器"对话框上方主要图标的功能如下。

（1）新建特性过滤器按钮![icon]。打开"图层特性过滤器"对话框，在过滤器定义列表中，可以设置过滤条件，如图层名称、状态和颜色等。

（2）新组过滤器按钮![icon]。创建图层过滤器，显示对应的图层信息。

（3）图层状态管理器按钮![icon]。打开"图层状态管理器"对话框，可以将图层的当前特性设置保存到一个命名的图层状态中，以后可以再恢复这些设置。

（4）新建图层按钮　。该按钮用来创建新图层。AutoCAD 会根据 0 层的特性来生成新层，新创建的图层默认名称为"图层 1""图层 2"等，依次类推。

（5）在所有视口中都被冻结的新图层视口按钮　。创建新图层，并在所有现有布局视口中将其冻结。

（6）删除图层按钮　。要删除不使用的图层，可先从列表框中选择一个或多个图层，单击此按钮，AutoCAD 将从当前图形中删除所选的图层。删除包含对象的图层时，需要先删除此图层中的所有对象，然后再删除此图层。

（7）置为当前按钮　。选中一个图层，然后单击此按钮，就可以将该图层设置为当前图层。当前图层的图层名会出现在列表框的顶部。

图层设置列表区域各选项的功能如下。

（1）状态。显示图层的使用状态，当前正在使用图层会显示"√"。

（2）名称。显示图层名。用户可以选择图层名，停顿后单击鼠标左键，输入新图层名，实现对图层的重命名。

（3）开/关。用于打开或关闭图层。当图层打开时，灯泡为亮色　，该层上的图形可见，可以进行编辑和打印；当图层关闭时，灯泡为暗色　，该层上的图形不可见，不可以进行编辑和打印。

（4）冻结/解冻。当图层被冻结，显示为雪花图标　，该层上的图形不可见，不能进行重新生成、消隐及打印等操作；当图层解冻后，显示为太阳图标　，该层上的图形可见，可进行重新生成、消隐及打印等操作。

（5）锁定/解锁。当图层被锁定时，锁被锁上　，该层上的图形实体仍可以显示和绘图输出，但不能被编辑；当图层解锁后，锁被打开　，该层上的图形可以编辑。

（6）颜色。设置图层上所绘实体的颜色，单击颜色按钮，打开"选择颜色"对话框选择颜色。

（7）线型。设置图层上所绘实体线型，默认情况下，新建图层的线型为连续线（Continuous）。国家标准的要求 CAD 绘图线型见表 5.1。

表 5.1　CAD 制图常用图层设置

图层名	线型	颜色	线宽/mm
粗实线	Continuous	黑	0.7
细实线	Continuous	绿	0.35
虚线	Acad—iso02w100	黄	0.35
点画线（中心线）	Center	红	0.35
细双点画线	Acad—iso05w100	粉红	0.35
尺寸标注	Continuous	黑	0.35
剖面符号	Continuous	黑	0.35
文本（细实线）	Continuous	绿	0.35
图框、标题栏	Continuous	绿	0.35

　　单击线型名称,将打开"选择线型"对话框,如图 5.3 所示,可在"已加载的线型"列表框中选择绘图所用线型。若该列表中(图 5.3)没有需要的线型,可单击加载按钮,打开"加载或重载线型"对话框进行线型加载,如图 5.4 所示。此时,实际上打开了文件名为 acadiso.lin 的 AutoCAD 标准线型库。

图 5.3　"选择线型"对话框

图 5.4　"加载或重载线型"对话框

　　(15)线宽。单击线宽名称,打开"线宽"对话框,如图 5.5 所示,用户可在此选择符合国家标准要求的线宽(表 5.1)。

图 5.5　"线宽"对话框

　　(16)打印样式。用于改变选定图层的打印样式,用户可根据自己的要求改变图层的打印样式。

(17)打印。控制该层对象是否打印(打印 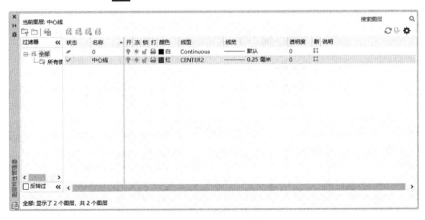/不打印),新建的图层默认为可打印。

提示如下。

①当开始绘制一幅新图时,系统自动生成名为"0"的默认图层,默认 0 层线型为连续线,颜色为白色。0 层不能被删除或重命名,但可以对其特性(线型、线宽、颜色等)进行编辑和修改。

②不能冻结当前层,也不能将冻结层改为当前层。

③不能锁定当前层和 0 层。

④可以只将需要进行操作的图层显示出来,而关闭或冻结暂时不操作的图层,这样可以加快图形的显示速度。

⑤符合国家标准要求的工程图线型、线宽及颜色将在第 9 章详细讲述。

【例 5.1】 创建新图层,名称为中心线层,颜色为红色,线型为"CENTER2",线宽为 0.25 mm,并将其设置为当前层。

参考操作步骤如下。

(1)执行图层命令,弹出"图层特性管理器"对话框。

(2)单击新建按钮,在亮显的"图层 1"框中输入图层名称中心线。

(3)单击颜色图标 白 ,在打开的"选择颜色"对话框中选取红色,单击确定按钮,返回"图层特性管理器"对话框。

(4)单击线宽图标 ————默认 ,在"线宽"对话框中选取 0.25,单击确定按钮,返回"图层特性管理器"对话框。

(5)单击线型图标,在"选择线型"对话框中单击加载按钮,打开"加载或重载线型"对话框,在列表中选择加载线型"CENTER2",单击确定按钮后返回"选择线型"对话框,选取线型"CENTER2",再单击确定按钮返回"图层特性管理器"对话框。

(6)单击置为当前按钮 ,将其设置为当前层,完成设置,结果如图 5.6 所示。

图 5.6　创建新图层

5.2.2　使用图层

当前正在使用的图层称为当前图层,绘制实体对象都是在当前图层中进行的。绘制实体之前,要先选图层。可通过"图层"面板中的图层控制下拉列表框下拉箭头按钮进行图层的切换,选择要置为当前层的图层名称即可,如图 5.7 所示,而不必打开"图层特性管理器"对话框再操作。

图 5.7　在"图层"面板中控制图层

绘图中如想改变图层的状态(置为当前、打开/关闭、冻结/解冻、锁定/解锁等),可直接在下拉列表框中单击图标进行相应的设置。

5.3　图层"特性"面板

图层"特性"面板包括特性匹配按钮🔲、图层颜色⚫、线宽☰、线型▦三个下拉列表框和"特性"对话框,是集图形对象的颜色、线型、线宽和打印样式的快速查看和更改的综合,如图 5.8 所示。在绘图前预先利用"特性"面板可设置颜色、线型和线宽等特性,用以控制新创建图形的对象特性;也可在图形绘制完成后改变选定对象颜色、线型和线宽等特性。另外,在特性对话框中,还可对图形对象的坐标、大小、视点设置等特性进行参数修改。在默认条件下,对象的颜色、线型、线宽等信息都使用当前图层的设置(ByLayer),但这些特性也可以不依赖图层,通过"特性"面板明确指定对象的特性。

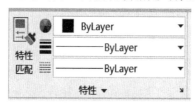

图 5.8　"特性"面板

其中,颜色、线宽和线型列表框的标准设置包括随层 ByLayer、随块 ByBlock 和默认设置。

(1)随层 ByLayer。指对象的特性将随该图层设置的情况而绘制。

(2)随块 ByBlock。指对象的特性使用它所在的图块的属性。

(3)默认。由系统变量控制,所有新图层使用默认设置。

5.3.1　颜色控制

单击颜色下拉列表框右侧的下拉按钮 ⬤ ■ ByLayer ▼，打开下拉列表框，显示"ByLayer""ByBlock"和七种标准颜色以及"选择颜色…"选项，可以从中选择并使其成为当前色，该颜色不跟随图层。选择"选择颜色…"选项，系统将打开"选择颜色"对话框，可以选择其他颜色。默认状态下，图形对象及文字的颜色跟随图层（ByLayer）。

5.3.2　线宽及其显示控制

图形对象以及某些类型的文字的宽度值可通过线宽下拉列表框和"线宽设置"对话框来设置编辑。

单击线宽下拉列表框右侧下拉按钮 ▤ ────ByLayer ▼，打开下拉列表框，显示"ByLayer""ByBlock"以及所有宽度样式，可从中选择一种作为当前线宽，该线宽不跟随图层。或者通过下拉列表最下方"线宽设置"打开"线宽设置"对话框来进行对象线宽的设置，如图 5.9 所示。默认状态下，图形对象及文字的线宽跟随图层（ByLayer）。

"线宽设置"对话框主要设置当前对象的线宽和线宽单位，控制线宽的显示和显示比例（图 5.9）。所有图层初始设置为 0.25 mm。选择显示线宽将显示线宽，可通过拖动标尺来放大或缩小线宽显示比例。

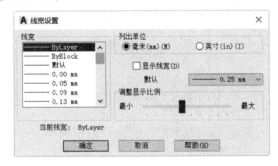

图 5.9　"线宽设置"对话框

5.3.3　线型加载及其比例设定

图形对象的线型可通过线型下拉列表框来加载，通过"线型管理器"对话框来设置。

单击线型下拉列表框右侧下拉按钮 ▦ ────ByLayer ▼，打开下拉列表框，显示"ByLayer""ByBlock"以及当前已加载的所有线型和"其他…"选项，可从中选择一项作为当前线型，该线型不跟随图层。若要加载新线型或和管理线型，可选择线型下拉列表中"其他…"选项打开"线型管理器"对话框进行设置（图 5.10）。默认状态下，图形对象及文字的线型跟随图层（ByLayer）。

"线型管理器"对话框中各选项的功能如下。

（1）线型过滤器。确定在线型列表中显示哪些线型。

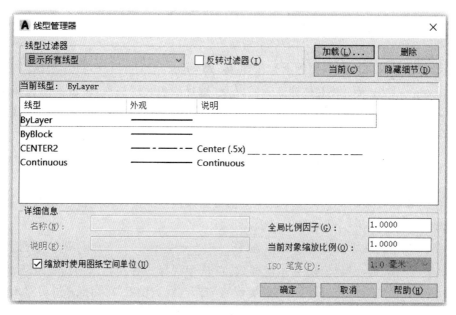

图 5.10 "线型管理器"对话框

（2）反转过滤器。根据与选定的过滤条件相反的条件显示线型。

（3）加载。单击打开"加载或重载线型"对话框，可加载线型到线型列表（详见 5.2.1 节）。

（4）当前。将选定的线型设置为当前线型。

（5）删除。从图形中删除选定的线型。只能删除未使用的线型，不能删除随层、随块和连续线型。

（6）显示细节/隐藏细节。控制是否显示线型管理器下方的详细信息部分。

（7）当前线型。显示当前线型的名称。

（8）线型列表区域。显示已加载的线型名称、样例和说明。

（9）详细信息区域中各选项的功能如下。

①名称。显示选定线型的名称，可以编辑该名称。

②说明。显示选定线型的说明，可以编辑该说明。

③缩放时使用图纸空间单位。按相同的比例在图纸空间和模型空间中缩放线型。

④全局比例因子。调整已有对象和将要绘制对象的线型比例。

⑤当前对象缩放比例。调整将要绘制的对象的线型比例。

线型比例用来控制图中虚线和点画线的间隔与线段的长短。线型比例不合适，常常会出现虚线和点画线画出来屏幕上显示实线的情况。全局比例和当前比例可以相同，也可以不同。比例值越大，线型中要素越大，如图 5.11 所示。

——— – · — · — · — ·　0.5

——— – — · — · —　　1

——— — — — —　　　2

图 5.11　线型比例值不同时点画线显示比较

5.4　"特性"选项板

"特性"选项板提供所有特性设置的最完整列表,具有功能强大的综合编辑能力,不仅可以修改各种实体的颜色、线型、线型比例、图层,还可以对图形对象的坐标、大小、视点设置等特性进行参数修改。

可单击"特性"面板右下角 ↘ 或在命令行中输入"PROPERTIES"激活该命令。另外,在绘图区直接双击要编辑的对象或选择对象后在右键快捷菜单中选择"特性"选项,都可打开"特性"选项板,如图 5.12(a)所示。

(a)"特性"选项板　　　　　　　(b)"特性"选项板右键快捷菜单

图 5.12　"特性"选项板

对"特性"选项板中的主要选项功能如下。

(1)顶部列表框显示已选择的实体,单击下拉按钮后可选择其他已定义的选择集。默认显示为"无选择",表示没有选择任何要编辑的对象。此时,列表窗口显示了当前图形的特性,如图层、颜色、线型等。

(2)切换 PICKADD 系统变量的值按钮 ▥。切换系统变量"PICKADD"的值,即新选择的实体是添加到原选择集,还是替换原选择集。

(3)选择对象按钮 ▥。使用任意选择方法选择所需对象,"特性"选项板将显示选定对象的共有特性,然后可以在"特性"选项板中修改选定对象的特性,或输入编辑命令对选定对象进行其他修改。

(4)快速选择按钮。弹出"快速选择"对话框,使用快速选择创建基于过滤条件的选择集。

(5)常规。显示对象的普通特性,包括颜色、厚度等。

(6)打印样式。显示图形输出特性。

(7)视图。显示图形特征。

(8)其他。显示 UCS 坐标系等特征。

在"特性"选项板标题栏上右击时将显示快捷菜单(图 5.12(b)),各选项功能如下。

(1)移动。显示用于移动选项板的四向箭头光标。

(2)大小。显示四向箭头光标,用于拖动选项板的边或角点使其改变大小。

(3)关闭。关闭"特性"选项板。

(4)允许固定。切换固定或锚定选项板窗口的功能。选择此选项还会将锚点居右和锚点居左置为可用。

(5)锚点居左/锚点居右。将"特性"选项板附着到位于绘图区域右侧或左侧的锚点选项卡基点。

(6)自动隐藏。导致当光标移动到浮动选项板上时,该选项板将展开;当光标离开该选项板时,它将滚动关闭,清除该选项时,选项板将始终打开。

(7)透明度。显示"透明度"对话框。

提示如下。

①可以在打开"特性"选项板之前选择对象,也可以在打开"特性"选项板之后选择对象。

②关闭"特性"选项板后,如果不显示编辑后的效果,则可使用<Esc>键取消夹点,即可显示编辑后的效果。

【例 5.2】　绘制任意大小的一个圆,利用"特性"选项板将其面积修改为 $100\ mm^2$,如图 5.13(b)所示。

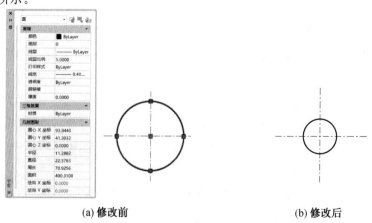

(a)**修改前**　　　　　　　　　　　　　　(b)**修改后**

图 5.13　用"特性"选项板编辑图形

参考操作步骤如下。

(1)先任意绘制一个圆,并选中它。

(2)打开"特性"选项板。

(3)在"几何图形"的"面积"一栏中输入"100"。

(4)在绘图区中的空白处单击鼠标左键,圆变为面积为 100 mm^2 的圆。

(5)按<Esc>键,取消夹点,结束操作。

5.5 特性匹配

特性匹配命令用于将源实体的特性(如图层、颜色、线型等)复制给目标实体,是 AutoCAD 的格式刷。可通过单击特性匹配按钮![]激活该命令。

命令主要提示及选项功能如下。

(1)选择源对象。提示拾取一个源对象,其特性可复制给目标对象。

(2)选择目标对象。提示选择欲赋予特性的目标对象。

(3)设置(S)。设置要复制的有关选项。

提示:源对象只能点选,不能框选。

【例 5.3】 利用特性匹配命令,将图 5.14(a)所示的小圆定位线改成点画线圆,小圆轮廓线改为粗实线。编辑后的图形如图 5.14(b)所示。

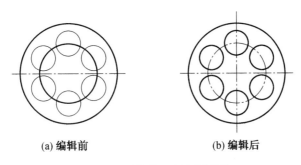

(a) 编辑前   (b) 编辑后

图 5.14 用特性匹配编辑图形

参考操作步骤如下。

(1)执行特性匹配命令。

(2)拾取大圆点画线为源对象。

(3)在"选择目标对象:"提示下,拾取小圆的定位圆。

(4)用光标拾取大圆轮廓线为源对象。

(5)在"选择目标对象:"提示下,用光标拾取小圆轮廓线。

练 习 题

1.一般情况下,使用 AutoCAD 软件绘制的图形对象特性,设为随层还是随块?

2.如何创建图层? 如何设置图层的颜色、线型和线宽?

3.如何修改非连续线型的线型比例?

4.如何在屏幕上看到线宽设置的效果?

5.如何使用特性命令和特性匹配命令编辑图形?

6.根据 CAD 制图国家标准,参照表 5.1 所列的图层名、线型、颜色和线宽建立常用的图层。

第 6 章
文字注写与创建表格

文字信息是工程图的重要组成部分。工程图中标注的尺寸数字决定了图形结构形状的大小，是零件制造的依据；零件或部件的制造、安装、维修过程的技术要求则通过文字信息来表达。另外，标题栏和明细栏及其表达中零部件信息也是工程图表达中不可缺少的部分。通过文字样式创建和文字的注写，以及复杂表格的创建，可以满足工程制图设计中不同的需要，极大地提高工作效率，也是进行完整工程图绘制的必要基础。

6.1　文字样式

与图层、尺寸标注和其他 AutoCAD 绘图工具一样，注写文字前也需要创建符合标准的文字样式，即需要预先设定字体、字的大小、倾斜角度、文字方向等特性的文字样式；文字标注时从已设置好的文字样式中进行选择即可。

创建和修改文字样式命令的激活有以下方式。

（1）"默认"选项卡→"注释"面板→文字样式按钮（图 6.1（a））。

（2）"注释"选项卡→"文字"面板→文字样式按钮（图 6.1（b））。

（3）在命令行中输入"STYLE"。

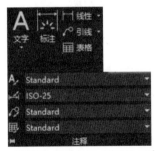 

(a)　"默认"选项卡的"注释"面板　　　(b)　"注释"选项卡的"文字"面板

图 6.1　"文字"面板

执行文字样式命令，系统弹出"文字样式"对话框，如图 6.2 所示，该对话框中各选项功能如下。

图 6.2　"文字样式"对话框

6.1.1　样式列表框

样式列表框中列出了当前图形文件中所有定义过的字体样式,若用户还未定义过字体样式,则只有"Standard"一种样式。选中所需的样式,此文字样式即设置为当前的文字样式,并作为默认样式进行标注。

(1)新建按钮。创建新的文字样式。单击该按钮,打开"新建文字样式"对话框,如图6.3所示。在该对话框的"样式名"文本框中输入样式名称,然后单击"确定"按钮确认样式名称,否则单击"取消"按钮取消。

(2)删除按钮。删除现有的文字样式。单击该按钮,系统将提示是否要删除现有的文字样式。

图 6.3　"新建文字样式"对话框

6.1.2　字体选项组

字体决定了文字最终显示的形式。每种字体都由字体文件控制。单击选项组中的下拉箭头,可打开字体文件的下拉列表。AutoCAD 中字体分为两类:一类是 Windows 系列应用软件所用的 TrueType 类型的字体(TTF 字体);另一类是 AutoCAD 自有的字体(扩展名为 *.shx 的字体),称为大字体。

(1)字体名。从下拉列表框中选择所设文字样式的字体。

(2)字体样式。指定字体格式,如斜体、粗体或常规字体。勾选使用大字体复选框后,该选项变为"大字体",用于选择大字体文件。

(3)使用大字体。指定亚洲语言的大字体文件。只有在"字体名"中指定 *.shx 文件时才能使用"大字体",即只有 *.shx 文件可以创建"大字体"。

6.1.3　大小选项组

(1)注释性。可以使用注释性文字样式创建注释性文字,为图形中的说明和选项卡使用注释性文字。

(2)使文字方向与布局匹配。可以指定图纸空间视口中的文字方向与布局方向匹配。

(3)高度。设置文字的高度。若采用单行文字方式输入文字,在此一般可取默认值"0",在命令执行过程中提示要求指定文字的高度时再输入所需的高度。

6.1.4　效果选项组

该选项组可以设定字体的具体特征。

(1)颠倒。是否将文字旋转 180°。

(2)反向。是否将文字以镜像方式标注。

(3)垂直。确定文字是水平标注还是垂直标注。

(4)宽度因子。设定文字的宽度系数。

(5)倾斜角度。设定文字的倾斜角度,输入一个 $-85 \sim 85$ 之间的值将使文字倾斜。

6.1.5　预览窗口

通过预览窗口观察所设置的字体样式是否满足需要。字体样式定义完毕后,单击应用按钮将新字型加入当前图形,单击关闭按钮关闭"文字样式"对话框,便可进行文字标注。

符合国家标准规定的工程图中常用字体样式列于表 6.1 中。汉字在工程图中使用长仿宋体,国家标准要求在计算机绘图时使用"仿宋 GB/T 2312"。AutoCAD 2021 系统提供的汉字样式是其按照国家标准创建的"长仿宋"字体(gbcbig. shx),而西文创建有两个字库(gbenor. shx(直体)和 gbeite. shx(斜体)),这样写出的文字比较符合中国的国家标准。因此,设置汉字样式时,如果 AutoCAD 2021 字体库中没有"仿宋 GB/T 2312"样式,可选 gbcbig. shx。若使用 Windows 的 TTF 字体,则除了字型不符合国标外,还有可能在符号上出错,如直径描述符号"％％C"将成为"?"。

表 6.1　工程图中的样式

Style Name 字样名	Font(字体)		Effects(效果)			说明
	字体名	字体样式	字高	宽度比例	倾斜角度	
GB3.5	isocp. shx	gbcbig. shx (用大字体)	3.5	0.7	0	3.5 号字(直体)
GBTXT			0	1	0	用户可定义高度(直体)
GB×3.5	isocp. shx	(不用大字体)	3.5	1	15	字母、数字(斜体)
工程图中汉字	仿宋 (GB/T 2312)	gbcbig. shx (用大字体)	5	0.7	0	汉字(直体)

【**例 6.1**】 创建名称为"工程图中汉字"的新的文字样式。

参考操作步骤如下。

(1)执行文字样式命令。如图 6.4 所示。

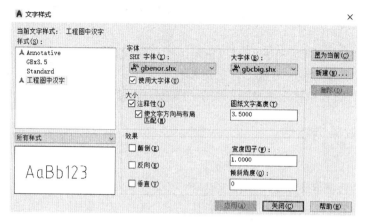

图 6.4 创建"工程图中汉字"文字样式

(2)在弹出的"文字样式"对话框中单击新建按钮,在"新建文字样式"对话框的样式名文本框中输入新样式名称"工程图中汉字",然后单击确定按钮。

(3)由于在 SHX 字体下拉列表框中没有"仿宋 GB/T 2312"字体,因此选择"gbenor.shx"(直体)选项(也可选"仿宋"字体)。

(4)勾选使用大字体复选框,在"大字体"下拉列表框中选择"gbcbig.shx"选项。

(5)勾选注释性复选框。

(6)图纸文字高度设为"3.5"。

(7)单击应用按钮,再单击关闭按钮,完成新文字样式"工程图中汉字"的设置。

【**例 6.2**】 创建名称为"GB×3.5"的文字样式,字高 3.5,用于注写斜体的字母或数字。

参考操作步骤如下。

(1)执行文字样式命令。

(2)在弹出的"文字样式"对话框中单击新建按钮,在"新建文字样式"对话框的样式名文本框中输入新样式名称"GB×3.5",然后单击确定按钮。

(3)在 SHX 字体下拉列表框中选择"isocp.shx"字体。

(4)在高度数值框内填写"3.5"。

(5)宽度因子填写"0.7";倾斜角度填写"15"。

(6)单击应用按钮,再单击关闭按钮,完成新文字样式"GB×3.5"的设置。如图 6.5所示。

读者可根据以上两例的设置过程自行设置表 6.1 中所列其他文字样式。

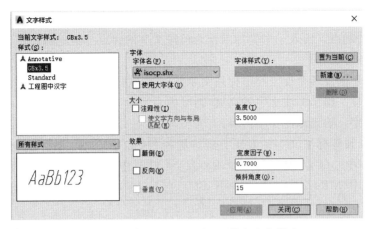

图 6.5 创建"GB×3.5"字母/数字文字样式

6.2 标注控制码与特殊字符

绘图过程中经常需要标注一些特殊字符。AutoCAD 为输入这些字符提供了一些快捷的控制码,通过从键盘上直接输入这些控制码,可以达到输入特殊字符的目的。

AutoCAD 提供的控制码均由两个百分号"％％"和一个字母组成。控制码及其对应的特殊字符如下。

％％D:标注符号"度"(°)。

％％P:标注"正负号"(±)。

％％C:标注"直径"(φ)。

％％％:标注"百分号"(％)。

％％O:打开或关闭文字上划线功能。

％％U:打开或关闭文字下划线功能。

6.3 单行文字与多行文字

文字样式设置好以后,可使用单行文字(TEXT)和多行文字(MTEXT)命令对文字进行标注。两个命令都集成在文字命令按钮内。

6.3.1 标注单行文字

该命令以单行方式输入文字,可在一次命令中注写多处同字高、同旋转角度的文字,每输入一个起点,都可在此处生成一个独立的实体。

命令激活有以下方式。

(1)"默认"选项卡→"注释"面板→ "文字"下拉箭头 →单击单行文字按钮**A**。

(2)在命令行中输入"TEXT"或"DTEXT"。

执行单行文字命令后,命令行提示"指定文字的起点或[对正(J)/样式(S)]:"。

各选项功能如下。

(1)文字的起点。输入一个坐标点作为标注文字的起点。指定起点后,命令行相继出现提示,各选项含义如下。

①指定文字的旋转角度。给出标注文字的旋转角度,括号内为当前旋转角度。

②指定高度。给出标注文字的高度,括号内为当前文字高度。

③输入文字。输入标注文字内容。

(2)对正。设置标注文字的对正方式。选择"对正"选项后,命令行出现提示"[对齐(A)/调整(F)/中心(C)/中间(M)/右(R)/左上(TL)/中上(TC)/右上(TR)/左中(ML)/正中(MC)/右中(MR)/左下(BL)/中下(BC)/右下(BR)]:",各选项含义如图 6.6 所示。

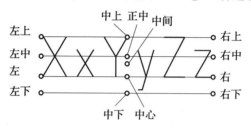

图 6.6　文字的对齐方式

(3)样式。指定文字样式,选择"样式"选项后,命令行出现提示"输入样式名或[?]<Standard>:",可输入已设置好的文字样式名,并根据命令行提示依次操作。

【例 6.3】　如图 6.7 所示,用单行文字命令标注字母"A、B、C、D",文字样式为"GB×3.5"。

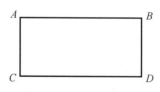

图 6.7　单行文字标注字母

参考操作步骤如下。

(1)从"注释"面板下拉列表框选择已设置好的"GB×3.5"文字样式,将其置为当前。

(2)执行单行文字命令 🅰。

(3)指定文字的起点或[对正(J)/样式(S)]:(拾取一点作为字母 A 的起点)。

(4)指定文字的旋转角度<0>:↙(按<Enter>键默认不旋转角度)。

(5)绘图区显示输入提示,输入字母"A"。

(6)拾取 B 点相应位置,输入字母"B"。

(7)字母"C"和"D"的输入同上。

(8)连续按两次<Enter>键,结束命令。

6.3.2　标注多行文字

多行文字命令以段落方式输入文字,整个段落采用相同的样式、字体、颜色等特性。

激活多行文字命令有以下方式。

(1)"默认"选项卡→"注释"面板→"文字"下拉箭头→单击多行文字按钮。

(2)在命令行中输入"MTEXT"。

执行多行文字命令,在绘图区指定一个区域的对角线两点后,系统将显示"文字编辑器"选项卡和文字输入窗口,如图6.8所示。

(a)"文字编辑器"选项卡

(b)文字输入窗口

图6.8 文字编辑器界面

1."样式"面板

(1)样式。列出所用文字样式。可拖动下拉箭头选择需要的文字样式。

(2)注释性。打开或关闭当前多行文字对象的注释性。

2."段落"面板

(1)对正。显示"多行文字对正"菜单,并且有九个对齐选项可用。"左上"为默认选项。

(2)项目符号和编号。显示"项目符号和编号"菜单。

(3)行距。显示建议的行距选项或"段落"对话框。在当前段落或选定段落中设置行距。

(4)段落。显示"段落"对话框。

(5)左对齐、居中、右对齐、两端对齐和分散对齐 。设置当前段落或选定段落的左、中或有文字边界的对正和对齐方式,包含在一行的末尾输入的空格,并且这些空格会影响行的对正。

3."插入"面板

(1)列。显示弹出型菜单,该菜单提供三个栏选项,即"不分栏""静态栏"和"动态栏"。

(2)符号。在光标位置插入符号或不间断空格,也可以手动插入符号。单击下拉箭头,会弹出下拉列表,如果选择最底端"其他"命令,将弹出"字符映射表"对话框,可以插入其他特殊字符。

(3)字段。显示"字段"对话框,从中可以选择要插入到文字中的字段。关闭该对话框后,字段的当前值将显示在文字中。

4."拼写检查"面板

(1)拼写检查。确定输入时拼写检查为打开还是关闭状态。默认情况下,此选项为打开状态。

（2）编辑词典。显示"词典"对话框。

5."工具"面板

单击查找和替换按钮,显示"查找和替换"对话框,可以搜索、替换指定的字符等。

6."选项"面板

（1）更多。包括"字符集""文字编辑器"等设置。

（2）标尺。在编辑器顶部显示标尺。拖动标尺末尾的箭头可更改多行文字对象的宽度,也可以从标尺中选择制表符。

7."关闭"面板

单击关闭文字编辑器按钮,结束 MTEXT 命令,关闭"多行文字"功能区上下文选项卡。

提示如下。

当在文字中选择带有"/""♯"和"^"的分隔符号的文字时,可以创建堆叠的文字或分数。选中这一部分文字(分子、分隔符号、分母)后,右键单击选择"堆叠"选项即可(或者从"格式"面板单击 ◪ 按钮),如图 6.9 所示。

图 6.9　堆叠"文本"

【例 6.4】　使用多行文字命令标注图 6.10 所示的段落文字。

图 6.10　用多行文字命令标注段落文本

参考操作步骤如下。

（1）从"注释"面板下拉列表框选择已设置好的"工程图中汉字"文字样式,将其置为当前。

（2）执行多行文字命令。

（3）提示"指定第一角点:"时,单击段落文字的对角线第一角点。

（4）提示"指定对角点或［高度(H)/对正(J)/行距(L)/旋转(R)/样式(S)/宽度(W)］:"时,单击输入窗口对角点,弹出"文字编辑器"选项卡和文字输入窗口。

（5）在文字输入窗口中输入第一行文字"国家标准—技术制图",按<Enter>键换行。

（6）输入第二行文字"20 H7^f8",选择"H7^f8"后,从"格式"面板选择堆叠选项 ◪ ,按

＜Enter＞键换行。

(7)输入第三行文字"45％％D"(或先输入 45,再单击"文字编辑器"选项卡中的符号@,选择"度数％％d"),按＜Enter＞键换行。

(8)输入第四行文字"％％C60",按＜Enter＞键换行。

(9)输入第五行文字"30％％P0.002",关闭"文字编辑器"选项卡,结束段落文字的输入。

6.4　新建表格样式

在 AutoCAD 中,用户可以使用创建表格命令自动生成数据表格,从而取代以前利用绘制线段和输入文字来创建表格的方法。表格命令一般用来绘制形式不太复杂而所含文字信息又比较多的表,如装配图中的明细表,使表中文字的输入比较方便快捷,保证字体、颜色、文字高度等保持一致。

启动"表格样式"对话框有以下方式。

(1)"默认"选项卡→"注释"面板→单击表格样式按钮。

(2)"注释"选项卡→"表格"面板(图 6.11)→单击表格样式按钮。

(3)在命令行中输入"TABLESTYLE"。

图 6.11　"注释"选项卡中的"表格"面板

执行表格样式命令后,打开"表格样式"对话框,如图 6.12 所示。在该对话框中,显示当前默认使用的表格样式为"Standard";样式列表框中显示了当前图形所包含的表格样式;预览窗口中显示选中表格的样式;在列出下拉列表框中,可选择显示图形中的所有样式或正在使用的样式。

1.新建

在"表格样式"对话框中单击新建按钮,将弹出"创建新的表格样式"对话框,可创建新的表格样式,如图 6.13 所示。

(1)新样式名。输入新的表格样式名。

(2)基础样式。选择表格样式,以此样式为基础样式创建新的表格样式。

(3)单击继续按钮打开"新建表格样式"对话框(图 6.14),对话框中各选项含义如下。

①起始表格。起始表格是图形中用作设置新表格样式的样例表格。一旦选定表格,用户即可指定要从此表格复制到表格样式的结构和内容。创建新的表格样式时,可以指定一个起始表格,也可以从表格样式中删除起始表格。

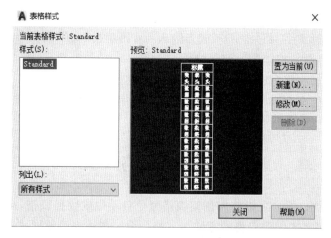

图 6.12　"表格样式"对话框

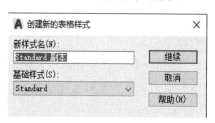

图 6.13　"创建新的表格样式"对话框

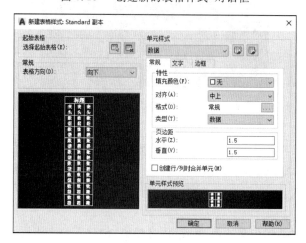

图 6.14　"新建表格样式"对话框

②常规。可以完成对表格方向的设置。

③单元样式。包括数据、标题和表头三个单元,每个单元包括三个选项卡,可以进行"常规"设置、"文字"设置和"边框"设置。

④"常规"选项卡。包括表格的特性,如表格的填充颜色、表格内对象的对齐方式、表格单元数据格式及表格类型;表格水平、垂直边距的设置;勾选创建行/列时合并单元复选框,可以在创建表格的同时合并单元格。

⑤"文字"选项卡。包括表格内文字样式、文字高度、文字颜色和文字角度的设置,如

图 6.15 所示。

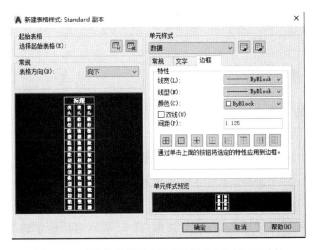

图 6.15 "新建表格样式"对话框的"文字"选项卡

⑥"边框"选项卡。如图 6.16 所示,包括表格的线宽、线型和边框的颜色设置,还可以将表格内的线设置成双线形式,单击表格边框按钮可以将选定的特性应用到边框。边框设置好后,一定要单击表格边框按钮,应用选定的特性,如不应用,则表格中的边框线在打印和预览时都将看不见。

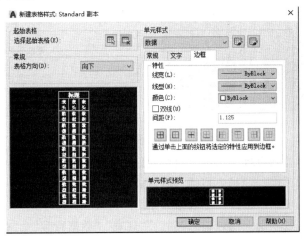

图 6.16 "新建表格样式"对话框的"边框"选项卡

完成上述设置后,单击确定按钮,返回"表格样式"对话框,可以看到新创建的表格样式,单击确定按钮,完成设置。

2. 置为当前

设置已存在的表格样式为当前表格样式。

3. 修改

打开"修改表格样式"对话框,修改选中的表格样式。

4. 删除

删除选中的表格样式。

6.5　创建和编辑表格

6.5.1　创建表格

可以使用默认的表格样式或自定义的样式新建表格。

命令调用有以下方式。

(1)"默认"选项卡→"注释"面板→单击表格按钮 ⊞。

(2)"注释"选项卡→"表格"面板→单击表格按钮 ⊞。

(3)在命令行中输入"TABLE(TB)"。

执行表格命令后,打开"插入表格"对话框(图 6.17),对话框中的各选项功能如下。

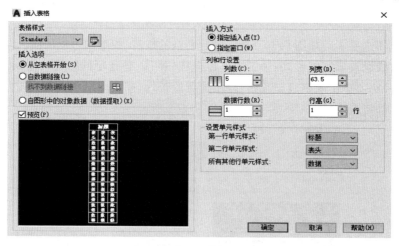

图 6.17　"插入表格"对话框

(1)表格样式下拉列表框。选择已经创建好的表格样式。

(2)插入方式选项组。选择表格插入的方式。

(3)插入选项选项组。选择从空表格开始。

(4)列和行设置选项组。通过输入"列数""列宽""数据行数"及"行高"数值框中的数值来改变表格的大小。

(5)设置单元样式选项组。创建新的单元样式。

①第一行单元样式。指定表格中第一行的单元样式。默认情况下,使用标题单元样式。

②第二行单元样式。指定表格中第二行的单元样式。默认情况下,使用表头单元样式。

③所有其他行单元样式。指定表格中所有其他行的单元样式。默认情况下,使用数据单元样式。

(6)预览窗口。显示表格的预览效果。

6.5.2 编辑表格

创建表格之后,可双击要编辑的单元格,启动"表格单元"选项卡进行表格编辑。"表格单元"选项卡如图 6.18 所示。

图 6.18 "表格单元"选项卡

(1)"行"面板。插入或删除行。

(2)"列"面板。插入或删除列。

(3)"合并"面板。取消或合并选择的单元格,合并可选择按行、按列或全部。

(4)"单元样式"面板。设置单元样式。

(5)"单元格式"面板。包括单元锁定和数据格式。

(6)"插入"面板。插入块、字段、公式等内容。选定表格单元后,可以从表格工具栏及快捷菜单中插入公式。也可以打开文字编辑器,然后在表格单元中手动输入公式。

(7)"数据"面板。创建、编辑和管理数据链接。数据链接树状图将显示包含在图形中的连接。还提供用于创建新数据链接的选项。

提示如下。

①双击单元格内容,即可编辑单元内容。

②选择单元后,可通过拖动夹点来编辑表格。

③选择单元后,也可以单击鼠标右键,然后使用快捷菜单上的选项来编辑表格。

【例 6.5】 绘制名为"齿轮油泵明细表"的表格,表格中的文字字体为"工程图中汉字",对齐方式为正中。具体如图 6.19 所示。

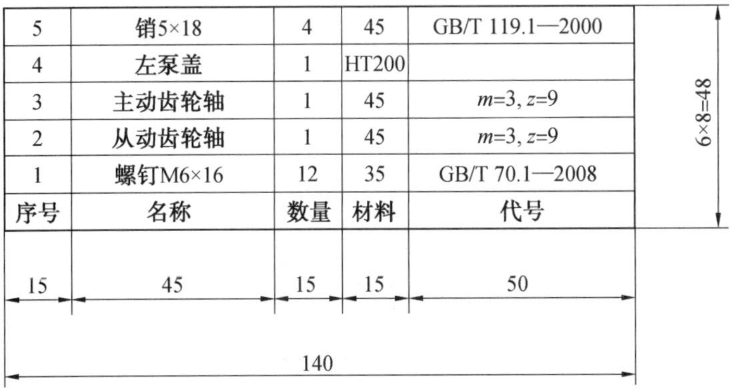

5	销5×18	4	45	GB/T 119.1—2000
4	左泵盖	1	HT200	
3	主动齿轮轴	1	45	$m=3, z=9$
2	从动齿轮轴	1	45	$m=3, z=9$
1	螺钉M6×16	12	35	GB/T 70.1—2008
序号	名称	数量	材料	代号

$6 \times 8 = 48$

15 45 15 15 50

140

图 6.19 齿轮油泵明细表

参考操作步骤如下。

(1)执行表格样式命令,弹出"表格样式"对话框。

(2)单击新建按钮,在弹出的"创建新的表格样式"对话框的新样式名文字框中输入新表样式名"齿轮油泵明细表"。

（3）单击继续按钮，弹出"新建表格样式"对话框。

（4）在表格方向下拉列表框中选择"向上"选项；在"常规"选项卡→"特性"→对齐下拉列表框中选择"正中"选项；在"文字"选项卡→"特性"→"文字样式"下拉列表框中选择"工程图中汉字"选项；在"边框"选项卡中选择所有边框按钮 囲。

（5）单击确定按钮，返回"新建表格样式"对话框，再单击置为当前按钮使用该样式创建表格，单击关闭按钮，退出"表格样式"对话框。

（6）执行表格命令 ▦，弹出"插入表格"对话框。

（7）在插入方式选项组中选中指定插入点单选按钮；在列和行设置选项组中，列数设置为"5"，列宽暂设置为"28"，数据行数设置为"4"，行高暂设置为"1"。此处行高为近似值，需在稍后做调整；此处"数据行数"指除去"表头"和"标题"两行外的其他数据行数。在设置单元样式选项组中三个下拉列表框里，全部选择"数据"选项。

（8）单击确定按钮，此时将在绘图窗口中插入一个 6 行 5 列的表格。

（9）修改列宽和行宽。窗选已插入的表后，再单击表中某一列的表头字母，该列颜色变绿且出现夹点时，如图 6.20 所示，将光标停在上方中间夹点数秒，夹点变红后单击右键弹出菜单，选择"特性"，打开"特性"选项板，如图 6.21 所示。在单元下拉类别中，将单元高度输入框中的"＊多种＊"改为"8"，按<Enter>键，这时系统自动将表格高度调整为 8 mm。以同样的方式，通过在单元下拉类别中单元宽度输入框中分别输入"15、45、15、15、50"等列宽值，可将列宽调整为需要的宽度。

图 6.20　表格列高修改

（10）输入文字信息。双击表格中的每个框格，打开"文字编辑器"，选择"工程图中汉字"文字样式。在框格中输入相应的文字信息，完成明细表的填写。

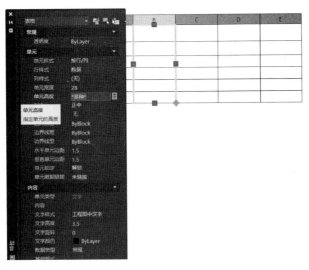

图 6.21　表格列宽修改

练 习 题

1.按照表 6.1 所列要求,创建名为"GB3.5"和"GBTXT"的文字样式。

2.使用设置好的标注样式,标注图 6.22 所示的多行文字(其中,"技术要求"字高为 7 mm,其他文字字高为 5 mm)。

技术要求

1.未注圆角 $R2 \sim 3$

2.铸件不得有气孔、裂纹等缺陷

图 6.22　多行文字标注技术要求

3.创建图 6.23 所示的齿轮"啮合特性表"。

模数 m	1.5
齿数 z	34
压力角 α	20°

图 6.23　用表格创建齿轮"啮合特性表"

4.创建图 6.24 所示的齿轮油泵明细表的左半部分,尺寸参考图 6.19。

15	键5×5×10	1	45	GB/T 1096—2003
14	螺母M12	1	Q235	GB/T 6170—2000
13	垫圈12	1	65Mn	GB/T 93—1987
12	传动齿轮	1	45	$m=2.5, z=20$
11	压紧螺母	1	45	
10	轴套	1	45	
9	密封圈	1	橡胶	
8	右泵盖	1	HT200	
7	泵体	1	HT200	
6	纸垫	2	厚纸	$t=1$

图 6.24　齿轮油泵明细表的左半部分

第 7 章

尺寸标注

尺寸是工程图样的重要组成部分,是零件设计与制造、零部件装配、安装及检验的重要依据。工程制图国家标准要求标注尺寸必须正确、完整、清晰、合理。因此,绘图前需要创建多个符合工程制图国家标准要求的标注样式。AutoCAD 包含了一整套完整的尺寸标注命令和实用程序,可以方便快捷地完成工程图样中要求的尺寸标注。在用 AutoCAD 标注工程图样尺寸时,要先根据需要创建尺寸标注样式,再选择尺寸标注类型,随后选择标注对象,最后指定尺寸线位置完成尺寸标注。

7.1　尺寸标注基础

7.1.1　尺寸的组成

工程图样中,一个完整的尺寸由尺寸界线、尺寸线、尺寸数字、箭头等组成,如图 7.1 所示。尺寸标注的样式设置,就是分别对这几个组成部分进行设置,以控制标注尺寸的格式和外观。

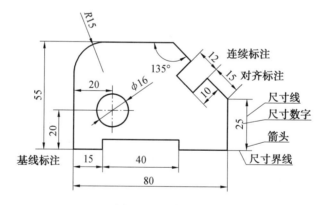

图 7.1　尺寸的组成

(1)尺寸界线。由细实线绘制,尺寸界线一般与尺寸线垂直,并超出尺寸线 2～3 mm。

(2)尺寸线。由细实线绘制,线性尺寸一般与标注的对象平行,并将大尺寸注在小尺寸外面,以免尺寸线与尺寸界线相交。

(3)尺寸箭头。显示在尺寸线的末端,用于标明尺寸线的端点位置和标注方向。机械图中的箭头为闭合填充的三角形,建筑图中通常采用斜线。

(4)尺寸数字。尺寸数字可以注写在尺寸线的上方或中断处(一般注写在尺寸线的上方)。尺寸数字的方向是:水平方向字头朝上,垂直方向字头朝左,倾斜方向字头趋势向上且与尺寸线垂直。角度尺寸数字水平书写。

(5)标注尺寸符号。标注直径时,应在尺寸数字前加注符号"ϕ";标注半径时,应在尺寸数字前加注符号"R";标注球面直径或半径时,应在尺寸数字前加注"$S\phi$"或"SR"。

7.1.2 尺寸标注的步骤

尺寸标注是一项系统性的工作,涉及尺寸线、尺寸界线、指引线所属的图层,以及尺寸数字的样式、尺寸样式、尺寸公差样式等。因此,标注尺寸应按照一定的步骤进行,才能更快、更好地完成标注工作。一般说来,尺寸标注的步骤如下。

(1)创建一个图层用于标注尺寸。

(2)创建尺寸标注所需的文字样式。

(3)创建尺寸标注样式。即设置尺寸标注的尺寸线、尺寸界线、符号和箭头、尺寸文字、主单位、换算单位、公差等内容。

(4)使用所建立的标注样式,用各类尺寸标注命令对图形进行标注,并对不符合要求的标注,用尺寸标注编辑命令编辑修改。

对于创建标注尺寸所使用的图层及文字样式的设置已在第 5 章和第 6 章分别进行介绍。

对于创建尺寸标注的样式,可通过"注释"面板的下拉列表进行(图 7.2)。"注释"面板的下拉列表从上到下依次是文字、标注、多重引线、表格。通过单击右侧下拉按钮 ⊢ ISO-25 ▼ 可选择当前标注样式,单击左侧符号 则可打开"标注样式管理器"对话框进行尺寸标注样式设置。

图 7.2 "注释"面板及其下拉列表

标注尺寸可通过"默认"选项卡的"注释"面板(图 7.2)或"注释"选项卡的"标注"面板进行(图 7.3)。

下面对创建尺寸标注样式和标注尺寸进行介绍。

图 7.3 "注释"选项卡

7.2　创建与设置尺寸标注样式

7.2.1　标注样式管理器

在尺寸标注前,一般先要对标注样式进行设置,控制尺寸界线、尺寸线、箭头和标注数字的格式、全局标注比例、单位的格式和精度、公差的格式和精度等,这些都可以在"标注样式管理器"对话框中进行设置。

打开"标注样式管理器"对话框有以下方式。

(1)"默认"选项卡→"注释"面板→标注样式按钮 。

(2)"注释"选项卡→"标注"面板→标注样式按钮 。

(3)在命令行中输入"DDIM(D)"。

"标注样式管理器"对话框如图 7.4 所示,各选项的功能如下。

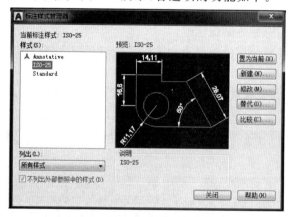

图 7.4　"标注样式管理器"对话框

(1)当前标注样式。显示当前标注样式的名称。

(2)样式。列出当前图形所设置的所有标注样式,当前样式亮显。AutoCAD 提供了英制或公制标注样式。在英制样板文件中,它提供了一个默认名为 Standard 的标注样式;在公制样板中,提供名为 ISO-25 的国际标准化组织设计的公制标注样式。一般情况下,AutoCAD 样板图中标注样式的名称方式是以"-"号为界,前面部分是执行的标准名,后面部分是标注文字的大小。

(3)列出。在样式列表中控制样式显示。若要查看图形中所有的标注样式,则可选择"所有样式"。若只希望查看图形中标注当前使用的标注样式,则选择"正在使用的样式"。

(4)预览。显示样式列表中选定样式的图示。

(5)置为当前按钮。将样式下选定的标注样式设定为当前标注样式。当前样式将应用于所创建的标注。

(6)新建按钮。显示"创建新标注样式"对话框,从中可以定义新的标注样式。

(7)修改按钮。显示"修改标注样式"对话框,从中可以修改标注样式。对话框选项与

"新建标注样式"对话框中的选项相同。

(8)替代按钮。显示"替代当前样式"对话框,从中可以设定当前标注样式的临时替代样式。选择替代后,当前标注格式的替代格式将被应用到所有尺寸标注中,直到用户转换为其他样式或删除替代格式为止。该命令在临时修改标注设置的时候非常有用。

(9)比较按钮。比较两个标注样式或列出一个标注样式的所有特性。

7.2.2　创建通用标注样式

AutoCAD 中缺省标注样式为 ISO－25,不符合制图国家标准中有关尺寸标注的规定。因此,绘图前,应先进行标注样式的创建。如果图形简单,尺寸类型单一,设置一种标注样式即可;如果图形复杂,尺寸类型和标注形式变化多样,应设置多种标注样式。

根据工程图尺寸标注的需要,常创建以下几种标注样式:工程图尺寸通用样式、角度尺寸样式、直径尺寸样式、半径尺寸样式、非圆视图上标注直径的尺寸样式、只有一条尺寸线的尺寸样式等。

由于样式设置的过程比较繁杂,下面以创建一个名称为"GB－35",用于一般线性尺寸标注的工程图尺寸通用样式为例,介绍创建一个符合国家标准的标注样式的方法。其他尺寸标注样式的创建,在 GB－35 的基础上做少许改动即可。

在"标注样式管理器"对话框中(图 7.4),单击新建按钮,打开"创建新标注样式"对话框,如图 7.5 所示。输入新样式名"GB－35",基础样式下拉列表列出了当前图形中的全部标注样式,分别是"Annotative"(注释性)、"ISO－25"和"Standard",选择"ISO－25"。单击继续按钮,将打开"新建标注样式:GB－35"对话框,如图 7.6 所示。

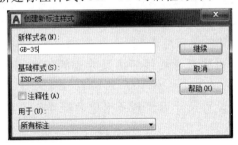

图 7.5　"创建新标注样式"对话框

以下将对该对话框各选项卡功能及设置做具体介绍。

1."线"选项卡

"线"选项卡中可设置尺寸线、尺寸界线等内容。

(1)尺寸线。该区域用于设置尺寸线的特性。

①颜色、线型、线宽。分别用于显示并设置尺寸线的颜色、线型、线宽。三个列表中都有 ByLayer、ByBlock 两个选项。

a. ByLayer(随层)。指对象属性使用它所在图层的属性。

b. ByBlock(随块)。指对象属性使用它所在图块的属性。

②超出标记。尺寸线超过尺寸界线的长度。

③基线间距。基线标注的尺寸线之间的距离。根据国家标准,一般以 2～3 倍标注文

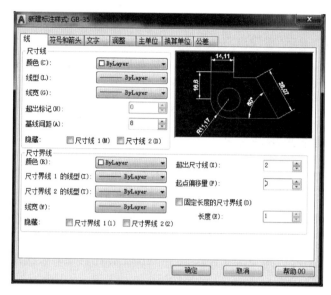

图 7.6 "线"选项卡

字的字高为宜,设置为 7～10 即可。

④隐藏。该区域用于设置尺寸线是否隐藏。勾选尺寸线 1 复选框则隐藏第一条尺寸线;勾选尺寸线 2 复选框则隐藏第二条尺寸线。

(2)尺寸界线。控制尺寸界线的外观。

①颜色、尺寸界线 1 的线型、尺寸界线 2 的线型、线宽。用于设置尺寸界线的颜色、线型、线宽。与上述尺寸线属性相同,都有 ByLayer、ByBlock 两个选项,建议选择 ByLayer。

②隐藏。用于抑制尺寸界线。勾选尺寸界线 1 复选框则隐藏第一条尺寸界线,勾选尺寸界线 2 复选框则隐藏第二条尺寸界线。

③超出尺寸线。用于设置尺寸界线超出尺寸线的长度。国家标准规定该值为 2～3 mm。

④起点偏移量。用于设置尺寸界线到所指定的标注起点的偏移距离。根据国家标准,起点偏移量应设置为 0。

⑤固定长度的尺寸界线。用于设置尺寸界线从尺寸线开始到标注原点的总长度。勾选该复选框,在此数值框中可以输入尺寸界线长度的数值。

提示如下。

如果设置"只有一条尺寸界线的尺寸"样式,以上两区中的"隐藏"项就要把要隐藏的一条尺寸线、尺寸界线复选框选中。

如图 7.6 所示,GB-35 样式"线"选项卡的设置具体为:将尺寸线区域的基线间距设置为 8,尺寸界线区域的超出尺寸线设置为 2,将起点偏移量设置为零。尺寸线、尺寸界线的颜色、线型、线宽选 ByLayer。其余采用默认设置,即基础样式 ISO-25 的设置。

2."符号和箭头"选项卡

"符号和箭头"选项卡可设置箭头、圆心标记、弧长符号和半径折弯标注的格式和位置。

（1）箭头。设置标注箭头和引线的类型和大小。

①第一个、第二个。用于设置两端箭头的样式。选择"实心闭合"。

②引线。用于设置引线的箭头样式。

③箭头大小。用于设置箭头的大小。此样式中设置为 3.5（和文字高度值相同）。

（2）圆心标记。设置直径标注、半径标注的圆心标记和中心线的外观。

①无。不设置圆心标记或中心线。

②标记。设置圆心标记。此样式中设置为 2.5。

③直线。设置中心线。

④数值框。设置圆心十字标记或中心线延伸到圆外长度的尺寸。

（3）折断标注。可以设置线性折弯（Z 字形）高度的大小。

（4）弧长符号。设置弧长符号显示的位置。

①标注文字的前缀。弧长符号作为标注文字的前缀，标在文字的前面。

②标注文字的上方。弧长符号标注在文字上方。

③无。不标注弧长符号。

（5）半径折弯标注。设置标注大圆弧半径的标注线的折弯角度。

（6）线性折弯标注。设置标注的线性尺寸的标注线的折弯角度。

如图 7.7 所示，GB−35 样式在"符号和箭头"选项卡中只将箭头区域的箭头大小设置为 3.5；其余采用默认设置即可，即基础样式 ISO−25 的设置。

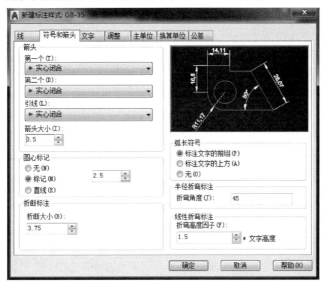

图 7.7　"符号和箭头"选项卡

3."文字"选项卡

"文字"选项卡用来设置标注文字的外观格式、放置位置和文字的方向，如图 7.8 所示。

（1）文字外观。设置标注文字的类型、颜色和大小。

①文字样式。用于选择标注文字的样式。单击文字样式旁边的 按钮，激活文字样

图 7.8　"文字"选项卡

式窗口,查看已设置好的文字样式,并选择置为当前。

②文字颜色。设置标注文字样式的颜色。

③填充颜色。设置填充颜色。

④文字高度。设置当前标注文字样式的高度。

如果要使用"文字"选项卡上的"文字高度"设置,则必须将文字样式中的文字高度设为 0。此处设置文字高度为 3.5。

⑤分数高度比例。用于设置标注文字中分数相对于其他文字的比例,该比例与标注文字高度的乘积为分数文字的高度。

⑥绘制文字边框。勾选该复选框,系统将在标注文字的周围绘制一个边框。

(2)文字位置。用于设置标注文字的放置位置。

①垂直。控制文字沿着尺寸线垂直方向的位置。若选择"上"选项,则把标注文字放在尺寸线的上方;若选择"居中"选项,则把标注文字放在尺寸线断开的中间;若选择"外部"选项,则把标注文字放在尺寸线外侧;若选择"JIS"选项,则按照日本工业标准(JIS)放置标注文字;若选择"下"选项,则把标注文字放在尺寸线的下方。ISO－25 默认为上,符合国家标准,无须调整。

②水平。设置水平方向文字所放位置。若选择"居中"选项,则把标注文字放在尺寸线的上方中间;若选择"第一条尺寸界线",则标注文字靠近第一条尺寸界线;若选择"第二条尺寸界线",则标注文字靠近第二条尺寸界线;若选择"第一条尺寸界线上方",则文字被放在第一条尺寸界线之上;若选择"第二条尺寸界线上方",则标注文字被放在第二条尺寸界线之上。ISO－25 默认为居中,符合国家标准,无须调整。

③观察方向。控制标注文字的观察方向。按"从左到右"或"从右到左"的阅读方式放置文字。

④从尺寸线偏移。用于设置标注文字与尺寸线之间的距离。此处设置为 1 mm。

（3）文字对齐。设置标注文字是保持水平还是与尺寸线平行。

①水平。水平放置文字。

②与尺寸线对齐。标注文字沿尺寸线方向放置。

③ISO 标准。当标注文字在尺寸界线内时，文字将与尺寸线对齐；当标注文字在尺寸界线外时，文字将水平排列。

如图 7.8 所示，GB－35 样式在"文字"选项卡中将文字外观选项区域的文字样式设置为 GB，文字颜色为 ByLayer，文字高度为 3.5；文字位置选项区域中从尺寸线偏移设置为 1；其余采用默认设置即可，即基础样式 ISO－25 的设置。

4."调整"选项卡

"调整"选项卡用于设置文字、箭头、尺寸线的标注方式，文字的标注位置和标注的特征比例等，如图 7.9 所示，各选项的功能如下。

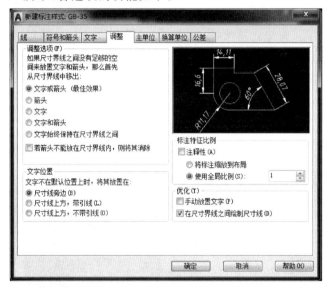

图 7.9 "调整"选项卡

（1）调整选项。用于调整尺寸界线、尺寸文字与箭头之间的相互位置关系。当两条尺寸界线之间的距离足够大时，把文字和箭头放在尺寸界线之间。否则，将根据该区域的选项设置放置文字和箭头。

①文字或箭头（最佳效果）。选择最佳效果，自动移出尺寸文字或箭头。

②箭头。先将箭头放在尺寸界线外侧。

③文字。先将尺寸文字放在尺寸界线外侧。

④文字和箭头。将文字和箭头都放在尺寸界线外侧。

⑤文字始终保持在尺寸界线之间。如果空间允许，将标注文字始终放在尺寸界线之间。

⑥若箭头不能放在尺寸界线内，则将其消除。勾选此复选框，系统将隐藏箭头。

（2）文字位置。用于设置如果文本不在默认位置上时，尺寸文字的放置位置。

①尺寸线旁边。选中此单选按钮，则标注文字被放在尺寸线旁边。

②尺寸线上方,带引线。选中此单选按钮,则标注文字放在尺寸线上方,并用引出线将文字与尺寸线相连。

③尺寸线上方,不带引线。选中此单选按钮,则标注文字放在尺寸线上方,而且不用引出线将文字与尺寸线相连。

(3)标注特征比例。设置全局比例或图纸空间比例。

①注释性。使用此特性,用户可以自动完成缩放注释的过程,从而使注释能够以正确的大小在图纸上打印或显示。

②将标注缩放到布局。选中此单选按钮,可以根据当前模型空间视口与图纸空间的缩放关系设置比例。

③使用全局比例。用于设置全局比例因子,设置的比例因子将影响文字字高、箭头尺寸、偏移、间距等标注特性,但这个比例不改变标注测量值。

(4)优化。用于设置其他的一些调整选项。

①手动放置文字。勾选此复选框,系统将忽略标注文字的水平对正设置,标注时可将标注文字放置在用户指定的位置上。

②在尺寸界线之间绘制尺寸线。勾选此复选框,则始终在尺寸界线之间绘制尺寸线。

如图 7.9 所示,GB-35 样式"调整"选项卡保留默认设置即可。

5."主单位"选项卡

"主单位"选项卡用于控制主标注单位的格式和精度以及设置标注文字的前缀和后缀。如图 7.10 所示,各选项的功能如下。

图 7.10 "主单位"选项卡

(1)线性标注。用于设置线性标注的单位格式和精度。

①单位格式。用于设置线性尺寸单位格式(角度标注除外),十进制为缺省设置。

②精度。设置标注文字的小数位数。

③分数格式。设置分数的格式。

④小数分隔符。设置十进制格式的分隔符。小数分隔符设为"."。

⑤舍入。设置所有标注类型的标注测量值的四舍五入规则(角度标注除外)。

⑥前缀。设置标注文字的前缀。

⑦后缀。设置标注文字的后缀。

提示：如果用户使用了"前缀""后缀"这两个选项,则系统将给所有的尺寸文本都添加前缀或后缀。要设置非圆视图上标注直径的尺寸样式,需在"前缀"处输入直径符号的控制码"％％C",则用该样式标注的所有尺寸数值前都带有"φ"符号。

(2)测量单位比例。设置测量线性尺寸时所采用的比例。

①比例因子。设置所有标注类型的线性标注测量值的比例因子(角度标注除外)。它可实现按不同比例绘图时,直接注出实际物体的大小。测量尺寸乘上这个比例因子,就是最后所标注的尺寸。例如,如果绘图时将尺寸缩小为原来的 1/2,即绘图比例为 1∶2,那么在此设置比例因子为 2,AutoCAD 就把测量值扩大一倍,使用真实的尺寸值进行标注。

②仅应用到布局标注。勾选该复选框,则仅对在布局空间里创建的标注应用线性比例值。

(3)消零。用于控制是否显示尺寸标注中的"前导"和"后续"零。

①前导。勾选该复选框,则不输出十进制尺寸的前导零。例如,选择此项后,测量值 0.800 0 将被标注为.800 0。

②后续。勾选该复选框,则不输出十进制尺寸的后续零。例如,选择此项后,测量值 23.500 0 将被标注为 23.5。

(4)角度标注。设置角度标注的当前标注格式。其各选项含义与线性标注对应选项相同。

如图 7.10 所示,GB−35 样式在"主单位"选项卡中,线性标注选项区域的单位格式选择"小数",单位精度为"0",小数分隔符为"."。其余采用默认设置即可,即基础样式 ISO−25 的设置。

6."换算单位"选项卡

"换算单位"选项卡可以设置换算单位的格式。设置换算单位的单位格式、精度、前缀、后缀和消零的方法,与设置主单位的方法相同。GB−35 样式"换算单位"选项卡不做调整,保留默认设置即可。

7."公差"选项卡

"公差"选项卡用于设置标注文字中公差的格式及显示,如图 7.11 所示。由于不同的零件有不同的公差,而且同一零件中的不同元素也存在不同的公差要求,所以在此不设置成统一的公差样式,保留默认设置即可(GB−35 样式在此不做设置)。若需要对零件标注公差时可单独标注,具体见 7.4 节。

所有选项卡都设置完成后,单击确定按钮,完成新标注样式的设计,退回到"标注样式管理器"对话框,此时样式列表中出现 GB−35 的标注样式。

图 7.11　"公差"选项卡

7.2.3　创建角度标注样式

国家标准规定角度标注的文字方向始终水平,位置位于尺寸线的中断处或外侧,其他设置则与基础样式相同。可在 GB－35 标注样式的基础上设置子样式,子样式只对角度标注起作用。下面具体介绍设置子样式的过程。

(1)在 GB－35 标注样式的基础上,单击"标注样式管理器"对话框中的新建按钮,系统将弹出"创建新标注样式"对话框,基础样式下拉列表中选择"GB－35",用于下拉列表选择"角度标注",如图 7.12 所示。

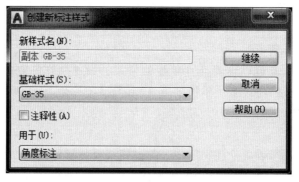

图 7.12　创建 GB－35 子样式:角度

(2)单击继续按钮。打开"新建标注样式:GB－35:角度"窗口,表明是建立 GB－35 标注样式的子样式"角度"。切换至"文字"选项卡,选择文字位置为"居中",文字对齐为"水平",如图 7.13(a)所示。其他选项卡不需要改变,单击确定按钮,返回"标注样式管理器"对话框,如图 7.13(b)所示。表明建立了 GB－35 标注样式的"角度"子样式。

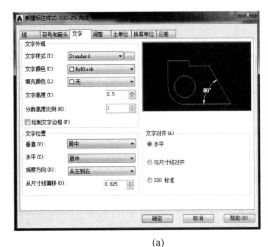
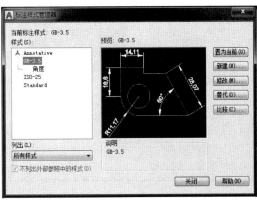

(a)　　　　　　　　　　　　　　　　　(b)

图 7.13　创建子样式:角度

7.2.4　创建直径标注样式

直径标注样式用于圆的直径标注,可在 GB-35 标注样式基础上设置子样式,子样式只对直径标注起作用。下面介绍具体设置子样式的过程。

(1)单击"标注样式管理器"对话框中的新建按钮,系统将弹出"创建新标注样式"对话框,基础样式下拉列表中选择"GB-35",用于下拉列表选择"直径标注",如图 7.14 所示。

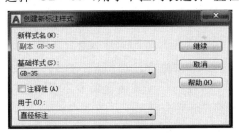

图 7.14　创建子样式:直径

(2)单击继续按钮。打开"新建标注样式:GB-35:直径"对话框,表明是建立 GB-35 标注样式的子样式直径。切换至"调整"选项卡,选择调整选项为"文字",优化区选择"手动放置文字",如图 7.15(a)所示。

(3)其他选项卡不需要改变,单击确定按钮,返回"标注样式管理器"对话框,如图 7.15(b)所示。表明建立了 GB-35 标注样式的直径子样式。

7.2.5　创建非圆视图上标注直径标注样式

非圆视图上的直径尺寸标注需用线性标注工具标注,但 ϕ 不能自动添加,可以设置一新样式用于此类尺寸的标注。

(1)单击"标注样式管理器"对话框中的"新建"按钮,系统将弹出"创建新标注样式"对话框,新样式名输入"非圆视图上标注直径",基础样式下拉列表中选择"GB-35",用于下

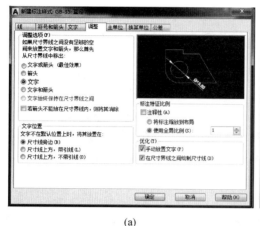

(a)　　　　　　　　　　　　　　　　　　　(b)

图 7.15　创建子样式:直径(续)

拉列表选择"所有标注",如图 7.16 所示。单击继续按钮,打开"新建标注样式:非圆视图上标注直径"对话框。

图 7.16　非圆视图上标注直径

　　(2)切换至"主单位"选项卡,线性标注前缀输入"%%c",如图 7.17(a)所示。从预览窗口发现尺寸数字前面多了直径符号。其他选项卡不需要改变,单击确定按钮,返回"标注样式管理器"对话框,如图 7.17(b)所示。

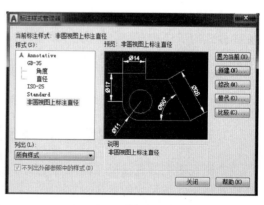

(a)　　　　　　　　　　　　　　　　　　　(b)

图 7.17　非圆视图上标注直径(续)

7.2.6 将标注样式置为当前

尺寸标注前，应先根据需要将已设置好的标注样式置为当前，再进行标注。完成标注样式创建后，在"标注样式管理器"对话框左侧会显示包括新建样式在内的标注样式列表，如图 7.17(b)所示，选择所需要的标注样式，单击右侧的置为当前按钮，即可将该样式置为当前。也可从"注释"面板或者"标注"面板的下拉列表框根据标注尺寸的要求选择尺寸标注样式。

7.3　尺寸标注

尺寸标注样式置为当前后，即可利用尺寸标注命令标注尺寸。AutoCAD 提供了多种尺寸标注类型，可以完成线性标注、对齐标注、半径标注等。可通过"默认"选项卡"注释"面板，或者"注释"选项卡"标注"面板激活各种尺寸标注命令，如图 7.18 所示。

(a)　　　　　　　　　　(b)

图 7.18　"注释"和"标注"面板

7.3.1 线性标注

线性标注可用于水平或垂直的直线尺寸标注，它需要指定两点来确定尺寸界线，也可以直接选取需标注的尺寸对象。激活该命令有以下方式。

(1)"默认"选项卡→"注释"面板→线性按钮 。

(2)"注释"选项卡→"标注"面板→线性按钮 。

(3)在命令行中输入"DIMLINEAR(DIMLIN)"。

执行线性标注命令后，系统提示"指定第一条尺寸界线起点或＜选择对象＞："时，鼠标指定第一条尺寸界线起点；系统提示"指定第二条尺寸界线起点："时，指定第二条尺寸界线起点，然后移动鼠标拖曳尺寸界线，系统自动测量出两条尺寸界线起始点间的水平或垂直距离，在适当位置单击左键，完成线性标注。

提示：在选择标注对象时，一般直接用单点选择法捕捉要标注的目标。

7.3.2 对齐标注

对齐标注用于标注倾斜的线性尺寸。激活该命令有以下方式。

(1)"默认"选项卡→"注释"面板→对齐按钮 。

（2）"注释"选项卡→"标注"面板→已对齐按钮 。

（3）在命令行中输入"DIMALIGNED"。

执行对齐标注命令后，操作步骤与线性标注类似，不再赘述。

提示：对齐命令一般用于倾斜对象的尺寸标注，系统能自动将尺寸线调整为与所标注线段平行。

【例7.1】 用线性和对齐标注命令标注图 7.19 所示的图形中 *AB*、*CD* 段的尺寸，如图 7.19 所示。

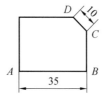

图 7.19　线性标注和对齐标注

参考操作步骤如下。

首先从注释下拉列表选择 GB-35 标注样式为当前标注样式，从图层下拉列表选择"尺寸标注"层为当前图层。

AB 段。

（1）执行线性标注命令。

（2）提示"指定第一条尺寸界线起点或＜选择对象＞:"时，选择 *A* 点。

（3）提示"指定第二条尺寸界线起点:"时，选择 *B* 点。

（4）提示"指定尺寸线位置或［多行文字（M）/文字（T）/角度（A）/水平（H）/垂直（V）/旋转（R）］:"时，移动鼠标，往下拖曳尺寸界线，在适当位置单击放置。

CD 段。

（5）执行对齐命令。

（6）提示"指定第一条尺寸界线起点或＜选择对象＞:"时，按＜Enter＞键选择自动标注方式。

（7）在"选择标注对象:"提示下，用鼠标拾取线段 *CD*，显示标注文字 10。

（8）提示"指定尺寸线位置或［多行文字（M）/文字（T）/角度（A）/水平（H）/垂直（V）/旋转（R）］:"时，往右上角拖曳尺寸界线，适当位置单击鼠标，完成标注。

7.3.3　角度标注

激活角度标注有以下方式。

（1）"默认"选项卡→"注释"面板→角度按钮 。

（2）"注释"选项卡→"标注"面板→角度按钮 。

（3）在命令行中输入"DIMANGULAR"。

提示如下。

①若选择圆弧,则系统自动计算并标注圆弧的角度,若选择圆、直线或按<Enter>键,则系统提示"选择目标和尺寸线位置:"。

②两条直线夹角标注常置于两条直线或其延长线之间,且小于180°。

【例7.2】 用角度命令标注图7.20所示圆上两点 A、B 的夹角。

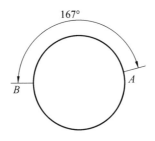

图 7.20 角度标注

参考操作步骤如下。

(1)从注释下拉列表将角度标注样式置为当前,从图层下拉列表选择"尺寸标注"层为当前图层。

(2)执行角度标注命令。

(3)提示"选择圆弧、圆、直线或<指定顶点>:"时,单击 A 点。

(4)提示"指定角的第二个端点:"时,单击 B 点。

(5)提示"指定标注弧线位置或[多行文字(M)/文字(T)/角度(A)/象限点(Q)]:"时,拖曳确定尺寸线位置,完成角度标注。

7.3.4 弧长标注

弧长标注命令用于标注圆弧线段或多线段圆弧线段的长度,在标注文字前方或上方用弧长表示。调用弧长命令有以下方式。

(1)"默认"选项卡→"注释"面板→弧长按钮 ⌒。

(2)"注释"选项卡→"标注"面板→弧长按钮 ⌒。

(3)在命令行中输入"DIMARC"。

【例7.3】 如图7.21所示,用弧长命令标注各圆弧线段的长度。

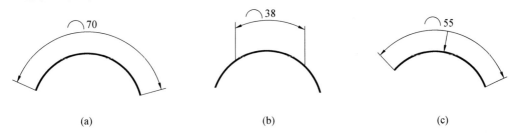

(a)   (b)   (c)

图 7.21 标注整段圆弧、部分圆弧及添加引线的弧长

参考操作步骤如下。

图7.21标注整段圆弧、部分圆弧及添加引线的弧长。

（1）执行弧长命令。

（2）提示"选择弧线段或多段线弧线段："时,选择需要标注的圆弧线段。

（3）提示"指定弧长标注位置或［多行文字（M）/文字（T）/角度（A）/部分（P）/引线（L）］："时,指定尺寸线的位置。当指定了尺寸线的位置后,系统将按实际测量值标注出圆弧的长度,标注文字为70,如图7.21（a）所示。

另外,如果选择"部分（P）"选项,则可以标注选定圆弧的某一部分弧长,如图7.21（b）所示。如果选择"引线（L）"选项,则用对弧长标注加引线,只有当圆弧大于90°时,才会出现,如图7.21（c）所示,引线按径向绘制,指向所注圆弧的圆心。

7.3.5　半径和直径标注

半径和直径命令用于标注圆和圆弧的半径或直径尺寸。激活方式如下。

（1）"默认"选项卡→"注释"面板→半径按钮 或直径按钮 。

（2）"注释"选项卡→"标注"面板→半径按钮 或直径按钮 。

（3）在命令行中输入"DIMRADIUS（DIMRAD）"或"DIMDIAMETER（DIMDIA）"。

如需在非圆上视图上标注直径,如图7.22所示,此时需要用线性标注实现,其步骤为:将"非圆视图上标注直径"标注样式置为当前,执行线性标注,指定标注的两个尺寸界线原点,指定尺寸线位置,即可完成标注。

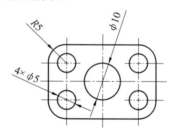

图7.22　标注半径和直径

【**例7.4**】　用半径命令标注图7.22所示的图形中的圆弧半径,用直径命令标注图形中大圆的直径。

参考操作步骤如下。

（1）半径标注。

①从注释下拉列表将半径标注样式置为当前,从图层下拉列表选择"尺寸标注"层为当前图层。

②执行半径命令。

③提示"选择圆弧或圆："时,选择圆弧段,显示标注尺寸R5。

提示"指定尺寸线位置或［多行文字（M）/文字（T）/角度（A）］："时,确认尺寸线位置,完成半径标注。

（2）直径标注。

①从注释下拉列表将直径标注样式置为当前,从图层下拉列表选择"尺寸标注"层为当前图层。

②执行直径命令。

③提示"选择圆弧或圆:"时,单击中间大圆上任意一点,确定标注对象,显示标注尺寸 $\phi 10$。

④提示"指定尺寸线位置或[多行文字(M)/文字(T)/角度(A)]:"时,单击一点,确认尺寸线位置,完成直径标注。

⑤重复直径命令标注四个小圆直径,选择小圆后,提示"指定尺寸线位置或[多行文字(M)/文字(T)/角度(A)]:"时,输入"M",打开文字编辑器,添加文字"4×",再单击确认尺寸线位置,完成标注。

7.3.6 坐标标注

坐标标注命令用于测量基准点到特征点(例如,部件上的一个孔的中心)的水平或垂直距离,默认的基准点为当前坐标的原点,如图 7.23 所示。

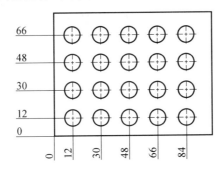

图 7.23 坐标

调用圆心命令有以下方式。

(1)"默认"选项卡→"注释"面板→坐标按钮。

(2)"注释"选项卡→"标注"面板→坐标按钮。

(3)在命令行中输入"DIMORDINATE"。

【例 7.5】 用坐标标注命令标注图 7.23 所示图形的圆心的 X、Y 坐标。

参考操作步骤如下。

(1)先进行坐标变换,输入"UCS",将矩形左下角点设置为坐标原点。

(2)执行坐标标注命令。

(3)提示"指定点坐标:"时,捕捉矩形左下角点。

(4)提示"指定引线端点或[X 坐标(X)/Y 坐标(Y)/多行文字(M)/文字(T)/角度(A)]:"时,输入"X↙",此为标注 X 方向坐标。

(5)提示"指定引线端点或[X 坐标(X)/Y 坐标(Y)/多行文字(M)/文字(T)/角度(A)]:"时,垂直向下拖曳出"0"线尺寸线,确定标注位置。

(6)按<Enter>键重复执行坐标标注命令。提示"指定点坐标:"时,捕捉圆心点。

(7)提示"指定引线端点或[X 坐标(X)/Y 坐标(Y)/多行文字(M)/文字(T)/角度(A)]:"时,输入"X↙",标注 X 方向坐标。

（8）提示"指定引线端点或［X 坐标（X）/Y 坐标（Y）/多行文字（M）/文字（T）/角度（A）］:"时,确定标注位置,完成 X 方向坐标标注。

（9）重复上述步骤,完成其他圆心 X 方向坐标标注。

（10）重复上述步骤,完成圆心 Y 方向坐标标注。

（11）进行坐标变换,输入"UCS",将坐标变回"WCS"。

7.3.7　基线标注和连续标注

基线命令用于在图中以第一尺寸界线为尺寸基准标注图形的线性尺寸、角度尺寸或坐标尺寸,各尺寸线从同一尺寸界线处引出。连续命令用于在同一尺寸线水平或垂直方向连续标注尺寸,相邻两尺寸线共用同一尺寸界线。

命令调用有以下方式。

（1）"默认"选项卡→"注释"面板→基线按钮┣┓或连续按钮┣╋┓。

（2）"注释"选项卡→"标注"面板→基线按钮┣┓或连续按钮┣╋┓。

（3）在命令行中输入"DIMBASELINE（DIMBASE）"或"DIMCONTINUE"。

提示如下。

①在使用基线和连续命令之前,要求以一个现有的线性标注、角度标注或坐标标注为基础,如果当前任务中未创建任何标注,将提示用户选择线性标注、角度标注或坐标标注。

②在使用连续命令标注时,不能修改尺寸文字,所以绘图时必须准确,否则将会出现错误。

【例 7.6】　如图 7.24 所示,用基线命令标注图形中的垂直方向尺寸,用连续命令标注水平方向尺寸。

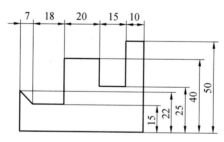

图 7.24　直线标注和连续标注

（1）基线标注。

①执行线性命令。

②提示"指定第一条尺寸界线起点或＜选择对象＞:"时,选择右下端点。

③提示"指定第二条尺寸界线起点:"时,选择第二条尺寸界线起点,显示标注尺寸"15"。

④提示"指定尺寸线位置或［多行文字（M）/文字（T）/角度（A）/水平（H）/垂直（V）/旋转（R）］:"时,用光标拾取一点,确定尺寸线位置,完成第一段尺寸标注。

⑤执行基线命令。

⑥提示"指定第二条尺寸界线原点或[放弃(U)/选择(S)]<选择>:"时,捕捉左上角端点,显示标注尺寸"22",并完成第二段基线标注。

⑦提示"指定第二条尺寸界线原点或[放弃(U)/选择(S)]<选择>:"时,捕捉图形上不同高度直线端点,显示标注尺寸依次为"25、40、50",完成五段基线标注。

(2)连续标注。

①执行线性命令。

②提示"指定第一条尺寸界线起点或<选择对象>:"时,↙。

③提示"选择标注对象:",单击选取右上水平直线,↙。

④提示"指定尺寸线位置或[多行文字(M)/文字(T)/角度(A)/水平(H)/垂直(V)/旋转(R)]:"时,用光标拾取一点,确定尺寸线位置。

⑤提示"指定尺寸线位置或[多行文字(M)/文字(T)/角度(A)/水平(H)/垂直(V)/旋转(R)]:"时,用鼠标拾取一点,确定尺寸线位置,完成第一段尺寸标注。

⑥执行连续命令。

⑦提示"指定第二条尺寸界线原点或[放弃(U)/选择(S)]<选择>:"时,选择中间直线的端点,显示标注尺寸"15",并完成第二段连续标注。

⑧提示"指定第二条尺寸界线原点或[放弃(U)/选择(S)]<选择>:"时,依次选择几条水平线的端点,分别显示标注尺寸"20、18、7",完成五段连续标注。

7.3.8 标注和快速标注

标注命令可用于垂直、水平和对齐的线性标注、坐标标注、角度标注、半径和折弯半径标注、直径标注、弧长标注等,系统可自动识别进行相应尺寸的标注,是一个普适性的尺寸标注命令。快速标注命令可以一次选择多个需要标注的相同类型尺寸对象,对其快速进行尺寸标注。选择一次即可完成多个标注,适合创建一系列基线或连续标注和一系列圆或圆弧的径向尺寸标注。

命令调用方式如下。

(1)"默认"选项卡→"注释"面板→标注按钮 ▨ 或快速标注按钮 ▨。

(2)"注释"选项卡→"标注"面板→标注按钮 ▨ 或快速标注按钮 ▨。

(3)在命令行中输入"DIM"或"QDIM"。

由于工程图尺寸标注的复杂性,标注和快速标注命令在标注线性尺寸时比较方便,但对于其他类型尺寸标注,由于涉及烦琐的选项选择过程,因此使用的频率并不是很高,读者可根据前述命令的介绍了解两个命令的具体操作过程。

7.4 引线标注

在图形上标注技术要求信息时,常用到引线。引线标注可标注特定的带技术要求的尺寸,如倒角、圆角等,或是填写一些文字注释说明、装配图的零部件序号和形位公差等。

引线标注分为多重引线标注和快速引线标注。

7.4.1 多重引线标注

多重引线标注方式可把引线和说明的文字一起标注。引线可以是直线或样条曲线，一端带有箭头或其他形式，另一端带有多行文字或块。多重引线标注中的引线和文字是一个整体。

由于单一的引线样式往往不能满足设计的要求，需要预先定义所需的引线样式，即指定基线、引线、箭头和注释内容的格式，控制多重引线对象的外观。多重引线样式在"多重引线样式管理器"对话框中进行设置。下面以设置倒角多重引线样式为例说明多重引线样式设置过程。

1. 多重引线标注样式设置

打开"多重引线样式管理器"对话框有以下方式。

（1）"默认"选项卡→"注释"面板→多重引线样式下拉列表框左侧按钮 。

（2）"注释"选项卡→"引线"面板右下角按钮 。

（3）在命令行中输入"MLEADERSTYLE"。

"多重引线样式管理器"对话框如图 7.25（a）所示。在该对话框中单击新建按钮，弹出"创建新多重引线样式"对话框，将新样式名命名为"倒角"，如图 7.25（b）所示。

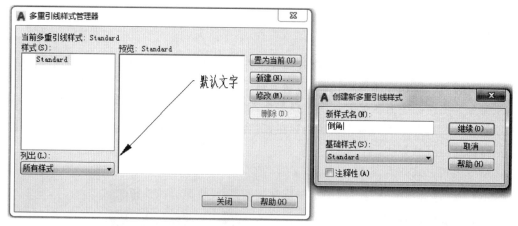

(a) "多重引线样式管理器"对话框   (b) "创建新多重引线样式"对话框

图 7.25 "多重引线样式管理器"对话框和"创建新多重引线样式"对话框

单击继续按钮，弹出"修改多重引线样式：倒角"对话框（图 7.26）。对话框中三个选项卡功能如下。

（1）"引线格式"选项卡。设置多重引线基本外观和引线箭头类型、大小，各选项含义及设置如下。

①常规。设置引线的外观。

a.类型。确定引线的类型。此样式选择直线。

b.颜色、线型、线宽。选定引线的颜色、线型、线宽。

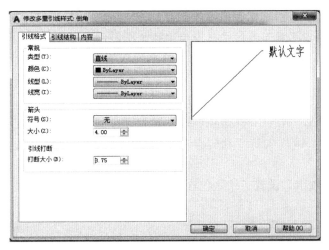

图 7.26 "引线格式"选项卡

②箭头。设置箭头的样式和大小。

③引线打断。设置引线打断时的打断距离值。

倒角引线样式在"引线格式"选项卡设置为:类型选"直线",颜色、线型、线宽设置为随层,由于倒角引线标注不需要箭头,因此箭头的符号下拉列表选择"无"。

（2）"引线结构"选项卡。设置引线的段数、引线每一段的倾斜角度及引线的显示属性,如图 7.27 所示,各选项含义及设置如下。

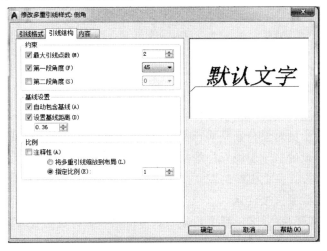

图 7.27 "引线结构"选项卡

①约束。控制多重引线的结构。

a.最大引线点数。指定多重引线基线的点的最大数目。

b.第一段角度和第二段角度。分别设置引线中第一段直线和第二段直线方向的角度。

②基线设置。其中自动包含基线复选框用于设置引线中是否含基线。选中复选框表示含有基线,此时还可以通过设置基线距离微调框指定基线的长度。

③比例。设置多重引线标注的缩放关系。

a. 注释性。确定多重引线样式是否为注释性样式。

b. 将多重引线缩放到布局。根据当前模型空间视口和图纸空间之间的比例确定比例因子。

c. 指定比例。为所有多重引线标注设置一个缩放比例。

倒角引线样式在"引线结构"选项卡中设置为：最大引线点数为"2"，将第一段角度复选框勾选并设置为"45°"，勾选自动包含基线，设置基线距离采用默认值即可，如图 7.27 所示。

（3）"内容"选项卡。设置引线是包含文字还是包含块，如图 7.28 所示，各选项含义及设置如下。

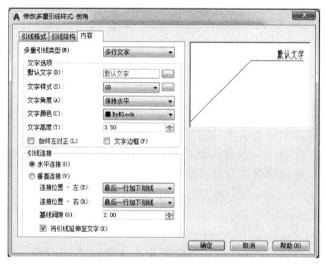

图 7.28　"内容"选项卡

①多重引线类型。设置多重引线标注的类型，有"多行文字""块"和"无"三个选择，表示由多重引线标注出的对象分别是多行文字、块或没有内容。倒角样式选择多行文字。

②文字选项。设置多重引线标注的文字内容。

a. 默认文字。设置多重引线的默认文字内容。

b. 文字样式。设置文字样式。

c. 文字角度、文字颜色、文字高度。分别表示指定多重引线文字的旋转角度、颜色、高度。

③引线连接。该选项组有两个单项按钮。

a. 水平连接。表示引线终点位于所标注文字的左侧或右侧。其中，"连接位置－左"表示引线位于多行文字的左侧，"连接位置－右"则表示引线位于多行文字的右侧。

b. 垂直连接。表示引线终点位于所标注文字的上方或下方。

c. 基线间隙。用于确定多行文字的相应位置与基线之间的距离。

基线间隙指定基线和多重引线文字间的距离。

倒角引线样式在"内容"选项卡设置：将文字样式选择为"GB"，文字高度设置为

"3.5",引线连接选择"水平连接",连接位置—左和连接位置—右都设置为"最后一行加下划线"。

所有选项卡都设置完成后,单击确定按钮,保存倒角引线样式。

2.多重引线标注

命令激活有以下方式。

(1)"默认"选项卡→"注释"面板→多重引线按钮。

(2)"注释"选项卡→"引线"面板→多重引线按钮。

(3)在命令行中输入"MLEADER"。

执行命令后,命令行提示"指定引线箭头的位置或[引线基线优先(L)/内容优先(C)/选项(O)]<选项>:",指定引线箭头的位置后,命令行提示"指定引线基线的位置:",拖曳并指定引线基线的位置。在随之出现的文字格式编辑框中输入文本,单击确定按钮,结束命令。

7.4.2 快速引线标注

快速引线标注命令可快速生成引线及注释,而且可通过命令行进行自定义,消除不必要的命令提示,提高工作效率。

在命令行中输入"QLEADER(LE)"可激活快速引线标注命令。

执行命令后,系统提示"指定第一个引线点或[设置(S)]<设置>:",时,输入"S",选择"设置(S)"选项,打开"引线设置"对话框,如图7.29所示。"引线设置"对话框用于设置快速引线的格式和引线注释的类型,默认包含三个选项卡。

图7.29 "引线设置"对话框"注释"选项卡

(1)"注释"选项卡。用于设置引线标注中注释文本的类型、多行文本的格式并确定注释文本是否多次使用,如图7.29所示。

①注释类型。用于设置注释类型,包含五个单选按钮。

a.多行文字。用于提示在引线的末端创建多行文字注释。

b.复制对象。用于提示复制多行文字、单行文字、公差或块参照对象。

c.公差。用于打开"形位公差"对话框,创建附引线的形位公差框格。

d.块参照。用于提示在引线末端加入块参照。

e.无。用于创建无注释引线。

②"多行文字选项"选项组。用于设置多行文字的格式。只有在注释类型中把注释类型设为"多行文字"时,才能设置该选项。

③重复使用注释。用于设置注释的重复使用方式。系统保存最后一次的引线标注内容,允许重复使用。

(2)"引线和箭头"选项卡。用于控制引线及箭头的格式,包含四个选项组,如图7.30所示。

图 7.30　"引线设置"对话框"引线和箭头"选项卡

①引线。设置引线是直线还是样条曲线。

②点数。设置引线指定点的个数。对直线来说,三点即指两段引线。

③箭头和角度约束。见多重引线。

(3)"附着"选项卡。用于设置引线与多行文字注释的相对位置。只有选择"注释"选项卡中的"多行文字"时,此选项卡才可用。一般情况设置为"最后一行加下划线",如图7.31所示。

图 7.31　"引线设置"对话框"附着"选项卡

【例 7.7】 引线标注图 7.32 所示图形的两处倒角。

对左侧倒角采用多重引线标注,对右侧倒角采用快速引线标注。

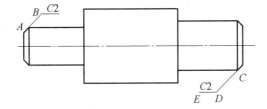

图 7.32 用引线标注倒角

参考操作步骤如下。

(1)将已创建的倒角多重引线样式设为当前样式。

(2)执行多重引线命令,开始标注多重引线。

(3)此时命令行提示"指定引线箭头的位置或[引线基线优先(L)/内容优先(C)/选项(O)]<选项>:",指定 A 点。

(4)提示"指定引线基线的位置:",指定 B 点。

(5)弹出"文字编辑"对话框,输入"C2 ↙"结束标注。

(6)输入"QLEADER(LE)",执行快速标注命令后,系统提示"指定第一个引线点或[设置(S)]<设置>:",选择"设置(S)"选项,在弹出的"引线设置"对话框内(图 7.29),点数选"3",注释类型选"多行文字",箭头选择"无",多行文字附着勾选"最后一行加下划线"。

(7)提示"指定下一点:",指定 C 点。

(8)提示"指定下一点:",指定 D 点。

(9)提示"指定下一点:",指定 E 点。

(10)提示"指定文字宽度 <0>:",↙。

(11)提示"输入注释文字的第一行 <多行文字(M)>:",输入"C2"。

(12)提示"输入注释文字的下一行:",↙。

7.5 公差标注

在工程图样中,公差标注包括尺寸公差和几何公差的标注。下面分别对这两类公差标注进行介绍。

7.5.1 尺寸公差标注

如果在"标注样式管理器"对话框的"公差"选项卡中设置尺寸公差,那么每个用这种样式标注的尺寸均会带有公差值,这与实际生产不符,一般不采用这种方法。

常用的尺寸公差标注有如下三种方法。

(1)标注尺寸过程中设置尺寸公差。尺寸标注时选择"多行文字(M)"选项,在打开的"多行文字编辑器"对话框中,输入上下偏差,再利用堆叠文字方式标注公差。这种方法比较常用。

（2）利用"特性"选项板设置尺寸公差。标注尺寸后，利用该尺寸的"特性"选项板，在"公差"选项卡修改公差设置。

（3）采用标注替代方法。在"标注样式管理器"对话框中单击替代按钮，在"公差"选项卡中设置尺寸公差，接着为即将标注的图形进行尺寸公差标注，再回到通用的标注样式。由于替代样式只能使用一次，因此不会影响其他的尺寸标注。

【例 7.8】　标注图 7.33 所示的尺寸公差。

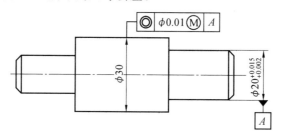

图 7.33　带尺寸公差的标注

参考操作步骤如下。

(1)将非圆视图上标注直径标注样式置为当前样式，执行线性命令。

(2)提示"指定第一条尺寸界线起点或＜选择对象＞："时，单击图中右侧上方水平线。

(3)提示"选择标注对象："，单击图中右侧下方水平线，显示测量尺寸"$\phi20$"。

(4)提示"指定尺寸线位置或［多行文字（M）/文字（T）/角度（A）/水平（H）/垂直(V)/旋转（R）］："，输入"M"，打开"文字编辑器"对话框，在"$\phi20$"后输入"＋0.015^＋0.002"，选中输入文字，单击"格式"面板上的堆叠符号 $\frac{b}{a}$，完成上下偏差的堆叠。

(5)提示"指定尺寸线位置或［多行文字（M）/文字（T）/角度（A）/水平（H）/垂直(V)/旋转（R）］："，在合适处单击一点以确定尺寸线的位置，完成标注。

7.5.2　几何公差标注

通常情况下，几何公差主要由指引线、公差框格、基准代号组成，公差框格内又由公差代号、公差值及公差符号组成。

调用几何公差标注命令有以下方式。

(1)"注释"选项卡→"标注"面板→公差按钮。

(2)在命令行中输入"TOLERANCE（TOL）"。

执行公差标注命令后，将打开图 7.34（a）所示的"形位公差"对话框。各选项含义及功能如下。

(1)符号。显示形位公差符号。单击图 7.34（a）中的黑色方框，将打开图 7.34（b）所示的"特征符号"对话框，从中选取所需的公差符号。

(2)公差 1、公差 2。创建公差值，并可在公差值前插入直径符号，在其后插入包容条件符号。

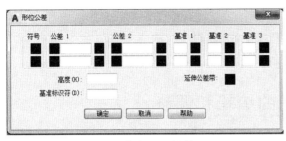 

(a) "形位公差"对话框　　　　(b) "特征符号"对话框　(c) "附加符号"对话框

图 7.34　"形位公差"对话框相关选项

①第一个黑色方框。单击该框插入直径符号(可选)。

②第二个文本框。创建公差值,输入具体的公差值。

③第三个黑色方框。将显示"附加符号"对话框,用于控制零件的材料状态。此对话框如图 7.34(c)所示,包括三个选项,最大的材料状态 M、最小的材料状态 L 和不相关的特征尺寸。

(3)基准 1、基准 2、基准 3。用于输入测量零件公差所依据的基准。在文本框中输入基准线或基准面的代号(大写字母),在黑色方框中选择材料状态,与前面附加符号一致。

(4)高度。用于指定预定的公差范围值。

(5)延伸公差带。显示预定的公差范围符号与预定的公差范围值的配合,即在预定的公差范围值后加上字母"P"。

(6)基准标识符。用于输入基准的标识符。

设置完各项后,单击确定按钮,移动鼠标拖动几何公差的矩形框到指定位置即可。

提示如下。

①该命令不能标注位置公差的引线及基准代号,引线要用相应绘图命令绘制,基准代号可设成图块插入。

②公差框内文本高度、字型均由当前尺寸标注样式控制。

③如果要准确地指定几何公差在图中的位置,需要与引线标注联合使用。

使用快速引线命令可以创建带有指引线的几何公差,无须再单独绘制指引线,使几何公差标准更方便、快捷。以下用实例的方式来介绍使用快速引线命令来标注形位公差。

【例 7.9】　用 QLEADER 命令标注图 7.33 所示的形位公差。

参考操作步骤如下。

(1)执行 QLEADER 命令。

(2)提示"指定第一个引线点或[设置(S)]<设置>:",选择"设置"选项,弹出"引线设置"对话框,如图 7.29 所示。在"注释"选项卡中,在注释类型选项区域内选中"公差"单选按钮,单击确定按钮返回绘图区。

(3)指定引线起始点、转折点及与几何公差的连接点,然后弹出"形位公差"对话框。

(4)在"形位公差"对话框中(图 7.34),单击符号选项区域内的黑色方框,打开"特征符号"对话框选择同轴度公差符号◎。

(5)公差 1 选项区域内单击黑色方框,显示"⌀",在文本框中输入"0.01",单击第二个黑色方框,选择███。

(6)基准 1 选项区域内,输入基准字母"A",完成标注。

提示:QLEADER 命令只能标注指引线和公差框格,基准符号需另行标注。

7.6　标注的编辑和调整

标注完成后,要使标注符合规范并提高可读性,还可以对其进行修改和调整。

7.6.1　编辑标注

编辑标注命令用来更改尺寸标注中的尺寸文字、旋转标注、倾斜尺寸界线。

命令调用有以下方式。

(1)"注释"选项卡→"标注"面板→编辑标注按钮███。

(2)在命令行中输入"DIMEDIT"。

执行编辑标注命令后,系统将提示"输入标注编辑类型[默认(H)/新建(N)/旋转(R)/倾斜(0)<默认>:",各选项功能如下。

(1)默认(H)。按默认位置及方向放置标注文字。

(2)新建(N)。打开"多行文字编辑器"对话框,对标注文字进行修改。

(3)旋转(R)。将选中的标注文字按输入的角度旋转。

(4)倾斜(0)。将按指定的角度调整线性标注尺寸界线的倾斜角度。

提示如下。

①如果只需修改尺寸标注文本值,则用 DDEDIT 命令选择尺寸标注文本值后,在弹出的"多行文字编辑器"对话框中修改、输入新值即可。另一种方法是打开"特性"选项板,在选项板里面直接更改。值得注意的是,这样修改后的结果使得尺寸标注失去了关联性。

②输入的角度值表示被选择标注对象的尺寸界线与水平线所夹的锐角,当角度输入值为 0 时,系统把标注文字按默认方向放置。

7.6.2　编辑标注文字

编辑标注文字命令用于修改尺寸文本的位置和角度。

命令调用有以下方式。

(1)"注释"选项卡→"标注"面板→编辑标注文字各按钮███ ██ ██ ██。

(2)在命令行中输入"DIMTEDIT"。

执行编辑标注文字命令后,如果选择了修改尺寸,则命令行将提示"为标注文字的新位置或[左(L)/右(R)/中心(C)/默认(H)/角度(A)]:",可动态拖动所选尺寸修改,也可按选项进行编辑。各选项功能如下。

(1)左(L)。调整尺寸标注文字为左对齐。

(2)右(R)。调整尺寸标注文字为右对齐。

（3）中心（C）。将尺寸标注文字放在尺寸线中间。

（4）默认（H）。将尺寸标注文字调整到尺寸样式设置的方向。

（5）角度（A）。改变尺寸标注文字的角度。

提示如下。

①在编辑标注文字命令的执行过程中，用户可以通过鼠标动态地移动尺寸线和尺寸文字的位置，单击鼠标左键即可确定尺寸文字的位置。

②"角度"选项效果与编辑标注命令"旋转"选项相同。

③调整标注文字位置更方便的方法是利用标注的夹点进行调整。

【例 7.10】　用编辑标注文字命令将图 7.35(a)中的标注文字调整为图 7.35(b)所示的效果。

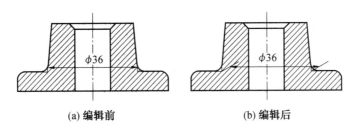

(a) 编辑前　　　　　　　　　　(b) 编辑后

图 7.35　编辑标注

参考操作步骤如下。

（1）执行编辑标注命令。

（2）提示"选择标注："，拾取尺寸"φ36"。

（3）提示"为标注文字指定新位置或［左对齐（L）/右对齐（R）/居中（C）/默认（H）/角度（A）］："，输入"A↙"。

（4）提示"指定标注文字的角度："，输入"30"，完成编辑标注，如图 7.35 所示。

7.6.3　标注打断

绘图时图线与文字之间会相互遮挡，为保证图样可见性，可以使用打断。标注打断命令用于在尺寸线、尺寸界线与几何对象或其他标注相交的位置将其打断。

以下方式可激活该命令。

（1）"注释"选项卡→"标注"面板→标注打断按钮 ⊥⁺。

（2）在命令行中输入"DIMBREAK"。

执行标注打断命令后，命令行提示"选择要添加/删除折断的标注或［多个（M）］："，选择添加打断标注，提示"选择要折断标注的对象或［自动（A）/手动（M）/删除（R）］＜自动＞："，各选项的含义如下。

（1）自动（A）。自动将折断标注放置在与选定标注相交的对象的所有交点处，当修改标注或相交对象时，会自动更新使用此选项创建的所有折断标注。

（2）手动（M）。为打断位置指定标注或尺寸界线上的两点。使用此选项，一次仅可放置一个手动折断标注。

(3)删除(R)。从选定标注中删除所有折断标注。

【例 7.11】 用标注打断命令调整图 7.36(a)所示的图形,结果如图 7.36(b)所示。

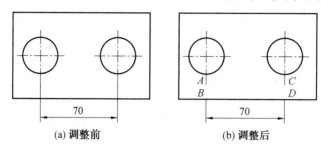

(a) 调整前   (b) 调整后

图 7.36   标注打断

参考操作步骤如下。

(1)执行标注打断命令。

(2)提示"选择要添加/删除折断的标注或[多个(M)]:"时,选择尺寸"70"。

(3)提示"选择要折断标注的对象或[自动(A)/手动(M)/删除(R)]<自动>:"时,输入"M↙"。

(4)提示"指定第一个打断点:"时,指定 A 点。

(5)提示"指定第二个打断点:"时,指定 B 点。

(6)重复执行标注打断命令,断开 CD,完成打断。

7.6.4   折弯线性标注

折弯线性标注命令可以在线性标注或对齐标注上添加或删除折弯线。折弯线性标注用于表示不显示实际测量值的标注值。

命令调用有以下方式。

(1)"注释"选项卡→"标注"面板→折弯线性标注按钮 。

(2)在命令行中输入"DIMJOGLINE"。

【例 7.12】 用折弯线性命令,调整图 7.37(a)所示的图形,结果如图 7.37(b)所示。

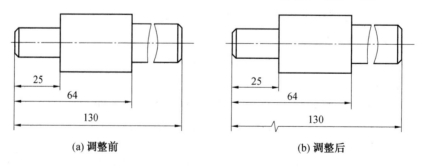

(a) 调整前   (b) 调整后

图 7.37   折弯线性标注

参考操作步骤如下。

(1)执行折弯线性标注命令。

（2）提示"选择要添加折弯的标注或[删除(R)]:"时,选择尺寸"130"。

（3）提示"指定折弯位置（或按<Enter>键）:"时,选择尺寸线上一点。

练 习 题

1.试述在中文版 AutoCAD 2021 软件中,工程图尺寸标注的基本步骤。

2.按照机械制图标准,在 GB-3.5 样式的基础上创建一个标注样式,具体要求如下。

（1）尺寸线 2、尺寸界线 2 隐藏。

（2）尺寸界线与标注对象的间距为 0 mm,超出尺寸线的距离为 2 mm。

（3）基线标注的尺寸线间距为 12 mm。

3.在 AutoCAD 2021 软件中,尺寸标注类型有哪些? 各有什么特点?

4.在 AutoCAD 2021 软件中,引线标注有哪些? 各有什么特点?

5.按照机械制图标准,利用多重引线样式管理器在倒角样式基础上设置新的多重引线样式,具体要求如下。

（1）名称为"序号"。

（2）箭头符号为小圆点,大小为 0.5 mm。

（3）其他与倒角样式设置一致。

6.在 AutoCAD 2021 软件中,有几种标注尺寸公差的方法?

7.在 AutoCAD 2021 软件中,有几种几何公差标注方法?

8.在 AutoCAD 2021 软件中,修改尺寸标注的文字大小及位置、旋转标注、倾斜尺寸界线等除了用到"编辑标注""编辑标注文字"之外,还有哪些更为快捷的方法对尺寸标注进行编辑?

9.完成图 7.38~7.41 的平面图形绘制,并标注尺寸。

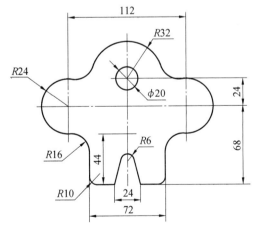

图 7.38 标注练习 1

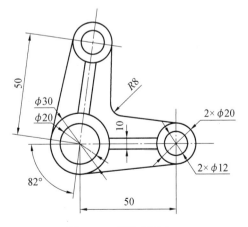

图 7.39 标注练习 2

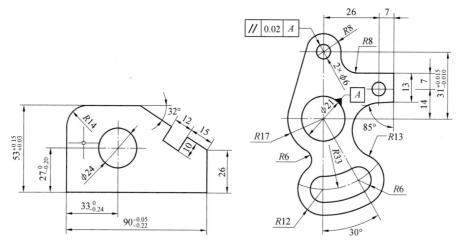

图 7.40　标注练习 3　　　　　　　　图 7.41　标注练习 4

10.完成图 7.42 的键槽断面图绘制,并标注尺寸。

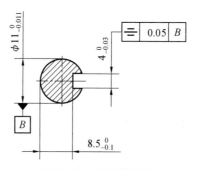

图 7.42　键槽断面图

11.完成图 7.43 的平面图形绘制,并标注尺寸。

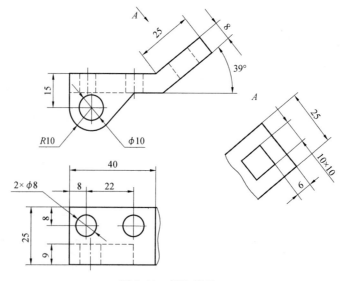

图 7.43　标注练习 5

第 8 章

图块及其属性

图块是由多个图形对象组成的一个集合(整体)。在工程图中存在大量相同或相似的图形对象,如机械制图中经常用到螺钉、螺母、滚动轴承、表面粗糙度符号等。如果利用 AutoCAD 图块功能将这些常用的图形和符号创建为块,根据绘图需要将其插入到图中指定位置,重复使用可极大地提高作图效率。

使用图块有如下几个突出的优点。

(1)可创建图块库。把本部门或本行业中经常使用的图形定义成图块,并建立图库,有助于图形的标准化。需要时直接调出,快捷地重复插入到图中指定位置,节省重复绘图时间,提高作图效率。

(2)可节省存储空间。当一组图形多次出现时,AutoCAD 每次必须记录该图元的图形信息,会增加图形的存储空间,但对块的插入,AutoCAD 仅记录块的插入点,从而减少图形文件大小,节省大量存储空间。

(3)便于图形修改。图块作为单一对象出现,常用的编辑命令(复制、旋转、阵列等)都适用于图块。也可根据需要为块创建属性,随时对块的相关参数信息进行编辑修改。

8.1　块的创建与使用

块是绘制在不同图层上,具有不同颜色、线宽、线型特性的一个或多个对象的集合,常用于复杂、重复绘制的图形。把一组对象组合成块,就可以根据需要将这组对象插入到图中任意指定位置,而且还可以按不同的比例和旋转角度插入。

8.1.1　创建内部块

将单个或多个图形对象集成一个图形单元,保存于当前文件内,供当前图形文件重复使用,这种块称为内部块。内部块只能用于该图块所在的图上,不能用于其他图。

创建块命令创建的就是内部块,激活创建块命令有如下方式。

(1)"默认"选项卡→"块"面板→创建按钮 。

(2)"插入"选项板→"块定义"面板→创建按钮 。

(3)在命令行中输入"BLOCK"。

执行命令后,打开"块定义"对话框,如图 8.1 所示。各选项功能如下。

(1)名称。在该文本框中输入图块名。单击下拉按钮,将弹出下拉列表框,在该框中列出了图形中已经定义的图块名。若定义新的图块,可直接输入图块名称,若需要对已存在的图块进行重新定义,在下拉列表中直接点击或输入已知图块名称。同一文件内,不能

图 8.1　"块定义"对话框

同时存在两个相同名称的图块。

（2）基点。用于指定图块的插入基点，也是图块的定位点，同时也是图块被插入时旋转和缩放的基准点。

①在屏幕上指定。选中后关闭拾取点按钮。

②拾取点按钮 。用鼠标在屏幕上拾取点作为图块的插入点。单击此按钮后，"块定义"对话框暂时关闭，此时可在绘图区用光标拾取点作为插入点，拾取操作结束后，对话框重新弹出。

③X、Y、Z。用于输入坐标值以确定图块的插入基点。

（3）对象。选择要定义到图块中的对象。

①在屏幕上指定。选中后关闭选择对象按钮。

②选择对象按钮 。该按钮用于选择组成块的图形对象，单击此按钮后对话框暂时关闭，等待用户在绘图区用目标选择方式选择组成块的图形对象。选择操作结束后，自动弹出对话框。

③保留。在创建图块后，将选定对象保留在图形中作为零散对象。

④转换为块。选中此单选按钮后，将把所选的对象作为图形的一个块。

⑤删除。在创建图块后，从图中删除所选的对象。

（4）设置。指定块的相关设置，如块单位、超链接。

①块单位。可以指定当从设计中心拖放一个块到当前图形中时，该块缩放的单位。

②超链接。可打开"插入超链接"对话框，在该对话框中可以插入超链接文档，与块定义相关联。

（5）在块编辑器中打开。勾选该复选框后，在块编辑器中可打开当前的块定义。

（6）方式。对块的后续处理方式的设置。

①注释性。勾选复选框指定块为注释性。

②按统一比例缩放。指定是否阻止块参照不按统一比例缩放。默认勾选此复选框。

③允许分解。指定块参照是否可以被分解。默认勾选此复选框。

提示如下。

①块名不能超过 255 个字符,名称中可包含字符、数字、空格及特殊字符。

②如果没有拾取基点,块就会按照系统默认的世界坐标系原点(0,0,0)作为基点来创建块。因此定义块时不要遗漏拾定基点。

③内部块随当前文件保存。若要保存为独立文件,则需使用写块命令。

【例 8.1】 用创建块命令创建一个表面粗糙度特征代号 $\sqrt{Ra\,3.2}$ 图块,图块名称为粗糙度。

分析:国家标准规定,表面粗糙度代号由表面粗糙度符号和表面粗糙度值组成。国标中规定的表面粗糙度符号的外观,如图 8.2 所示,图 8.2(a)为基本图形符号,图 8.2(b)、图 8.2(c)为扩展图形符号,图 8.2(d)、图 8.2(e)、图 8.2(f)为完整图形符号。其中基本符号的尺寸如图 8.2(a)所示,其他符号可在基本符号的基础上绘制完成。表面粗糙度图形符号的尺寸与所绘工程图中的尺寸数字的高度有关,一般来说,若图中尺寸标注文字高度为 3.5,则 $H_1=1.4h=5$,$H_2=2H_1=10$,线宽为 0.35。

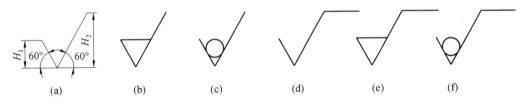

图 8.2 表面粗糙度符号

该图块的创建过程分两步进行。

(1)图形的绘制。创建块之前应先绘制出图 8.2(e)所示图形符号,块中文字高为 3.5。如果直接画一个高度为 5 的正三角形,需进行计算。这里用偏移及修剪命令来绘制此正三角形比较方便。

①按图 8.2(a)尺寸,利用偏移命令,绘制三条长度都为 100 的水平线,间距为 5。打开"极轴追踪",将增量角设为 15°(详细设置参考第 3 章 3.2.2 节);从直线的中点开始,绘制两条 60°、120°的斜线,如图 8.3(a)所示。

②利用修剪、删除命令修改图线,绘制完成后如图 8.3(b)所示。

③利用直线命令绘制上部水平直线,长度可自行确定,绘制完成后如图 8.3(c)所示。

④利用多行文字命令输入文字"Ra3.2",如图 8.3(d)所示。

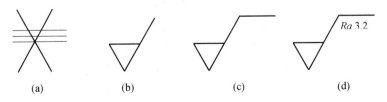

图 8.3 表面粗糙度符号的绘制

(2)创建块。

①执行创建块命令,弹出"块定义"对话框。

②在名称下拉列表框中输入图块的名称"粗糙度"。

③打开对象捕捉功能，单击拾取点按钮，拾取图块插入的基点，拾取最下角尖点。

④单击选择对象按钮，在屏幕上框选组成块的对象，即图 8.3(d)的图形和文字。

⑤单击确定按钮，完成"粗糙度"图块创建。

8.1.2　创建外部块

WBLOCK(写块)命令可将创建的内部图块、一组对象或当前的整个图形，以一个独立的图形文件保存于磁盘上，供所有图形文件重复调用。

由于 WBLOCK 命令定义的图块是一个独立存在的图形文件，相对于 BLOCK 命令定义的内部块，它被称为外部块。

WBLOCK 命令有以下执行方式。

(1)"插入"选项卡→"块定义"面板→写块按钮。

(2)在命令行中输入"WBLOCK(W)"。

执行写块命令后将出现图 8.4 所示的"写块"对话框，各选项功能如下。

图 8.4　"写块"对话框

(1)源。用于定义写入外部块的对象类型，它包括如下内容。

①块。指定将内部块写入外部块文件，可从名称下拉列表框中选择一个图块名称。

②整个图形。设置当前图形作为一个图块全部写入外部块文件。

③对象。选择图形对象写入外部块文件。

(2)基点。用于指定图块插入基点，可以在绘图区域拾取或者输入基点的坐标(X,Y,Z)。该区域只对对象类型为"对象"时有效。

(3)对象。用于指定组成外部块的实体生成块后源实体是保留、消除还是转换为内部块。该区域只对源实体为"对象"时有效。

（4）目标。用于指定外部块文件的文件名、储存位置以及采用的单位制式，包括如下内容。

①文件名和路径。用于输入新建外部块的文件名，指定外部块文件在磁盘上的储存路径。

②插入单位。用于指定插入块时系统采用的单位制式。

提示如下。

写块命令既可将用 BLOCK 命令已创建的块保存为独立的块，也可通过该命令创建新的独立的块。

【例 8.2】 用 WBLOCK 命令将例 8.1 创建的"粗糙度"块写入"E:\\"目录下的"粗糙度. dwg"中，将其生成一个外部块。

参考操作步骤如下。

（1）执行 WBLOCK 命令，弹出"写块"对话框。

（2）在源区域内选中块单选按钮，名称下拉列表框中选择"粗糙度"。

（3）指定块文件的储存位置，在文件名和路径文本框中输入"E:\\粗糙度. dwg"，如图 8.5 所示。

（4）单击确定按钮，完成操作。

图 8.5 写入"外部块"

8.1.3 插入块

插入块命令用于将已定义的块插入到当前的图形文件中。在插入块时，需要确定插入的块名称、插入点的位置、插入的比例系数以及图块的旋转角度。

命令调用有以下方式。

（1）"默认"选项卡→"块"面板→插入按钮 。

（2）"插入"选项卡→"块"面板→插入按钮 。

（3）"视图"选项卡→"选项板"面板→块按钮 。

（4）在命令行中输入"INSERT（I）"。

命令执行后，将打开图 8.6 所示的"块选项板"对话框。其中各选项功能如下。

图 8.6　"块选项板"对话框

（1）"最近使用""库""当前图形"选项卡。"最近使用"选项卡显示当前图形中可用块定义的预览或列表；"库"选项卡显示一个文件夹里多个库文件中的块定义；"当前图形"选项卡显示当前正在创建的图块。

（2）插入选项内可以设置插入点、比例、旋转等。

①插入点。该区域用于选择图块基点在图形中的插入位置。勾选该复选框后，则可以用光标在绘图区域指定块的插入点。如不勾选，则出现 X、Y、Z 三个文本框直接输入坐标值。推荐采取"在屏幕上指定"的方式以便快捷地确定出插入点。

②比例。该区域用于指定图块的插入比例。勾选该复选框后，则可以在绘图区域指定块的插入比例。一般情况下如果采用 1∶1 绘图比例，很少会使用这种方式。如不勾选，下拉列表有"统一比例"和"比例"两项选择。"统一比例"为 X 轴、Y 轴、Z 轴坐标指定统一的比例值，"比例"为 X、Y、Z 三个文本框分别输入比例因子。

③旋转。该区域用于指定插入图块的旋转角度。勾选该复选框后，则插入块的时候会提示输入旋转度数以适应图形位置。

④重复放置。控制重复插入其他块实例的提示。

⑤分解。控制块插入后是分解为原始的图形对象还是作为一个块对象。

提示如下。

①块插入到图形中后称为块参照(或实例)。

②在 0 层上定义图块,插入后,块对象将与所插入到的图层的颜色、线型、线宽一致,其他图层上的对象仍绘制在原定义的图层上。图块中与当前图形中同名的图层将在当前图形中同名的图层中绘制,不同的图层将在当前图形中增加相应的层。为绘图和输出方便,应使图块中对象所在的图层与当前图形保持一致。

8.1.4　块的分解

图块可以直接使用复制、旋转、比例缩放、移动、阵列等命令进行整体编辑。但是不能用修剪、偏移、拉伸、倒角等命令编辑。若要对图块进行编辑,首先要分解图块。

图块的分解。图块的分解采用"修改"面板内的分解命令 ⬛,和矩形、五边形及多段线等的分解步骤相同。

8.2　带属性块的创建与编辑

属性是图块的一个组成部分,它是块中的文本信息。属性增强了图块的通用性。带有属性的块,可以在插入后修改属性信息,例如,粗糙度。各表面粗糙度数值是不同的,块的属性就是定义这一类非图形的可变信息。

8.2.1　创建带属性的块

要创建带属性的块,首先要绘制组成块的图形对象,然后定义属性,最后将属性连同图形对象一起创建成块,这样创建的块就带属性,在插入块的时候会提示输入所需属性值。属性必须依赖于块而存在,没有块就没有属性。

块的属性由属性标记和属性值两部分组成,其中属性标记指一个项目,属性值就是具体的项目情况。用户可以对块的属性进行定义、修改以及显示等操作。

属性命令调用有以下方式。

(1)"默认"选项卡→"块"面板→定义属性按钮 ⬛。

(2)"插入"选项卡→"块定义"面板→定义属性按钮 ⬛。

执行命令后,将打开"属性定义"对话框,如图 8.7 所示。

(1)模式。控制块中属性的行为。

①不可见。具有这种模式的属性,在图块被插入图中时,其属性是不可见的。

②固定。具有相同的属性值,这是在定义属性时就设置好的,不必在插入块时输入,并且此属性值不能修改。

③验证。在插入块时提示验证属性是否正确。

④预设。在插入属性时,具有相同的属性值,但不同于"固定"模式的是"预设"模式可以被更改和编辑。

⑤锁定位置。锁定块参照中属性的位置,解锁后,可以使用夹点编辑移动属性,还可

图 8.7　"属性定义"对话框

以调整多行属性的大小。

⑥多行。指定的属性值可以是多行文字,可以指定属性的边界宽度。

(2)属性。基本的属性由属性标记、提示以及属性值组成。

①标记。用于输入属性的标记。

②提示。用于输入在插入属性块时将显示的提示。

③默认。用于设置属性的默认值。

④插入字段按钮 。单击此按钮,将弹出"字段"对话框,可以插入一个字段作为属性的全部或部分的值。

(3)插入点。设定属性的插入点,在屏幕上指定或直接在 X、Y、Z 坐标栏中输入插入点的坐标。

(4)文字设置。控制属性文字的对齐方式、文字样式、文字高度、旋转角度。

①对正。属性文字的对齐方式,单右侧下拉列表框中列出了所有的文本对齐方式,可任选一种。

②文字样式。属性文字的字体,通过下拉列表可选择已定义的文字样式。

③文字高度。用于指定属性文字的高度。在屏幕上指定文本的高度,或在文本框中输入高度值。如果选择有固定高度(任何非 0 值)的文字样式,或者在对正列表中选择了"对齐",则文字高度选项不可用。

④旋转。用于指定属性文字的旋转角度。可在屏幕上指定文本的旋转角度,也可在文本框中输入旋转角度的值。

(5)在上一个属性定义下对齐。选择是否将该属性设置为与上一个属性的字体、字高和旋转角度相同,并且与上一个属性对齐。如果之前没有创建属性定义,则此选项不可用。

【例 8.3】　通过定义属性,把例 8.1 创建的固定数值的"粗糙度"重新定义为带属性的块,并标注在图 8.8 中,具体数值和位置如图 8.8 所示。

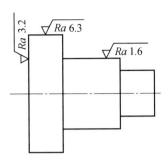

图 8.8　插入表面粗糙度符号

参考操作步骤如下。

(1)将图 8.3(d)中的数值"3.2"删除,保留剩下部分。

(2)执行定义属性命令 ,打开"属性定义"对话框。在对话框内设置如下。

①在标记文本框中输入"CCD"作为属性标志。

②在提示文本框中输入"输入表面粗糙度值"作为提示标志。

③在默认文本框中输入"6.3"。

④在对正下拉列表框中选择"居中"选项,在文字高度文本框中输入"3.5"。

⑤设置属性如图 8.9 所示,单击确定按钮。

⑥在屏幕上拾取属性的插入点,把"CCD"放在"Ra"右侧,如图 8.10 所示位置。

图 8.9　"属性定义"对话框

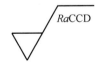

图 8.10　"粗糙度"添加属性 CCD

(3)执行创建图块,打开"块定义"对话框,如图 8.11 所示。

①在名称下拉列表框中选择"粗糙度"。

②单击拾取点按钮,在屏幕上指定属性块的插入基点,选取最下角端点。

③单击选择对象按钮,在屏幕上将图形和属性全部选择。

④单击确定按钮,出现对话"块－重定义块"对话框:"块定义已更改。是否要重新定义此块?",如图 8.12 所示。

图 8.11　"块定义"对话框

图 8.12　"块－重定义块"对话框

(4)执行插入图块命令,选择当前图形文件中"粗糙度"图块。操作步骤如下。

①插入粗糙度值为 $Ra6.3$ 的块。在图 8.8 左上方直线合适位置指定插入点,出现"编辑属性"对话框,如图 8.13 所示,在输入表面粗糙度值文本框内输入"6.3",单击确定。

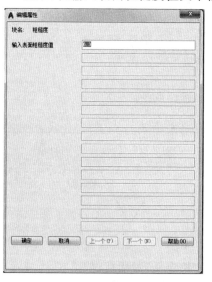

图 8.13　"编辑属性"对话框

②插入粗糙度值为 $Ra1.6$ 的块。在中间段上方直线合适位置指定插入点,出现"编辑属性"对话框,输入"1.6",单击确定。

③插入粗糙度值为 $Ra3.2$ 的块。在左侧直线合适位置指定插入点,选择"旋转",指定旋转角度 $90°$,出现"编辑属性"对话框,输入"3.2",单击确定。

8.2.2 属性的编辑

属性的编辑就是改变属性的数值、位置及方向等。属性的编辑分为创建块之前和创建块之后。

1.创建块之前

可以使用文字编辑命令对属性进行编辑。命令调用有以下方式。

(1)在命令行中输入"TEXTEDIT(ED)"。

(2)用鼠标直接双击属性。

执行命令后,AutoCAD 会弹出"编辑属性定义"对话框,如图 8.14 所示。在此对话框可以对属性的标记、提示、默认三个基本要素进行编辑,但是不能对其模式、文字特性等进行编辑。

图 8.14 "编辑属性定义"对话框

2.创建块之后

当属性被定义为图块,并在图中插入后,可以使用 ATTEDIT 命令对图块的属性进行编辑修改。

AutoCAD 提供的编辑属性的方式有以下几种:一种为编辑单个属性;另一种为编辑总体属性;还有一种为使用"块属性管理器"。单个编辑方式一次只能编辑一个与某个图块相关的、单独的、非固定模式定义的属性值。总体编辑方式可以编辑独立于图块之外的属性值及属性特性。

(1)编辑单个属性。使用编辑单个属性命令可以编辑选定图块中的所有非固定模式的属性值,但无法编辑其他属性特性,如文字的高度和位置等。

命令调用有以下方式。

①"默认"选项卡→"块"面板→单个按钮 。

②"插入"选项卡→"块"面板→编辑属性→单个按钮 。

③在命令行中输入"ATTEDIT"。

④直接在带属性的块上双击。

执行命令后,AutoCAD 会弹出"增强属性编辑器"对话框,如图 8.15 所示。在此对话框可以对属性的值、文字选项、特性进行编辑,但不能对其模式、标记、提示进行编辑。如果修改了属性值,而且这个属性的模式又是可见的,那么图形中显示出来的属性就会变化。

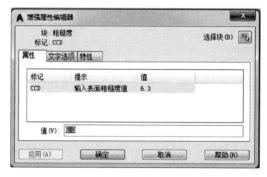

图 8.15 "增强属性编辑器"对话框

(2)块属性管理器。AutoCAD 还提供了"块属性管理器",它是一个功能非常强大的工具,可以对整个图形中任意一个块中的属性标记、提示、值、模式、文字选项、特性等进行编辑。

命令调用有以下方式。

①"默认"选项卡→"块"面板→块属性管理器按钮。

②"插入"选项卡→"块定义"面板→管理属性按钮。

③在命令行中输入"BATTMAN"。

在执行该命令后,会弹出图 8.16 所示"块属性管理器"对话框,可对当前图形中的块的属性定义进行管理。

图 8.16 "块属性管理器"对话框

①选择块按钮。可以选择在绘图区域一个块参照进行编辑。单击此按钮,"块属性管理器"对话框将关闭,直到从图形中选择块或按<Esc>键取消。

②块。列出当前图形中具有属性的所有块定义。可以选择要修改属性的块。

③属性列表。显示所选块中每个属性的特性,包括标记、提示、默认和模式。对于选定的块,属性将按提示顺序列出。

④在图形中找到。报告当前图形中选定块的实例总数。

⑤同步按钮。更新选定块的全部实例。此操作不会影响每个块中赋给属性的值。

⑥上移和下移按钮。要将提示顺序中的某个属性向上移动或向下移动,请选择该属性,然后单击上移或下移按钮。选定常量属性时,上移和下移按钮不可使用。

⑦编辑按钮。单击此按钮,打开"编辑属性"对话框,如图 8.17 所示,从中可以修改属性特性。

图 8.17 "编辑属性"对话框

8.3 动 态 块

动态块是一种特殊的块。除几何图形外,动态块中通常还包括一个或多个参数和动作,它具有灵活性和智能性。在操作时,可以通过自定义夹点或自定义特性来操作几何图形。使用动态块功能,插入可更改形状、大小或配置的块,无须定制许多外形类似而尺寸不同的图块,不仅减少了大量的重复工作,而且便于管理和控制,同时也减少图库中块的数量。

8.3.1 创建动态块

动态块使用起来方便、灵活,创建过程也比较简单。为了创建高质量的动态块,以达到预期效果,首先需要了解创建动态块的准备及操作过程。

(1)规划动态块的内容。在创建动态块之前,应当了解其外观以及在图形中的使用方式。确定当操作动态块参照时,块中的哪些对象会变动,还要确定这些对象将如何变动,如拉伸、阵列或移动等。这决定了添加到块定义中的参数和动作。

(2)绘制几何图形。在绘图区域或块编辑器中绘制动态块中的几何图形,也可以使用图形中的现有几何图形或现有的块定义。

(3)了解块元素如何共同作用。在向块定义中添加参数和动作之前,应了解它们相互之间以及它们与块中的几何图形的相关性。

(4)添加参数。按照命令行上的提示,向动态块定义中添加适当的参数,如线性、旋转、对齐、翻转、可见性等。

(5)添加动作。在必要时向动态块定义中添加适当的动作,确保将动作与正确的参数和几何图形相关联。需要注意的是,使用"块编写"选项板的"参数集"选项卡可以同时添加参数和关联动作。

(6)定义动态块参照的操作方式。通过自定义夹点和自定义特性来操作动态块参照。在创建动态块定义时,将定义显示哪些夹点以及如何通过这些夹点来编辑动态块参照。另外,还指定了是否在"特性"对话框中显示出块的自定义特性,以及是否可以通过该选项板或自定义夹点来更改这些特性。

(7)保存块并测试动态块。保存动态块定义并退出块编辑器,然后将动态块参照插入到图形中,测试该块是否达到预期功能。

8.3.2 块编辑器

使用块编辑器为块添加动态行为,可以在块编辑器中添加参数和动作,以定义自定义特性和动态行为。块编辑器包含一个特殊的编写区域,在该区域中,可以像在绘图区域中一样绘制和编辑几何图形。

命令调用有以下方式。

(1)"默认"选项卡→"块"面板→块编辑器按钮。

(2)"插入"选项卡→"块定义"面板→块编辑器按钮。

(3)在命令行中输入"BEDIT"。

另外,可以利用快捷菜单,选择一个块参照,在绘图区域中单击鼠标右键,在弹出的快捷菜单中选择块编辑器选项。

执行命令后,会打开"编辑块定义"对话框(图8.18),可以新创建块,也可以编辑已有的块。单击确定按钮,就进入块编辑器(图8.19)。

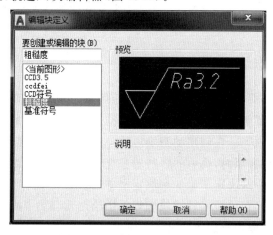

图8.18 "编辑块定义"对话框

从图8.19可知,界面上部分为块编辑器的标签和面板,主要包括打开/保存、几何、标注等。左侧为"块编写选项卡",包括"参数""动作""参数集"等选项卡。

【例8.4】 创建表面粗糙度的动态块,以适应不同的加工要求。

零件的表面质量通过非去除材料或去除材料的加工方法获得,又或者有时候表面质量的获得不要求限定加工方法,因此其表面粗糙度符号随加工方法的不同而不同。通过动态块来实现不同符号绘制,可以让符号的部分图线选择可见或不可见。

参考操作步骤如下。

(1)执行块编辑器命令,打开"编辑块定义"对话框,选择已创建的"粗糙度"图块,如图8.18所示。单击确定,进入"块编辑器"界面,如图8.19所示。

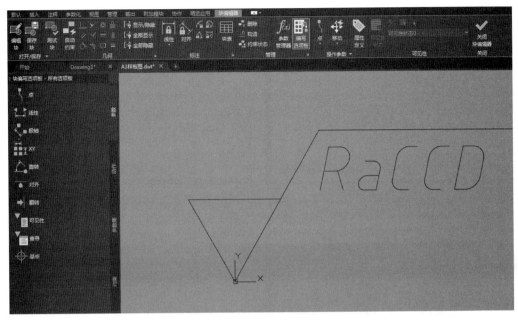

图 8.19 "块编辑器"界面

(2)在块编辑器内绘制圆。

(3)单击"块编写选项板"中"参数"选项卡上的可见性按钮,命令行提示:"指定参数位置或[名称(N)/标签(L)/说明(D)/选项板(P)]:",单击圆心,完成参数可见性设置,感叹号表示仅为块定义了一个可见性状态,如图 8.20 所示。

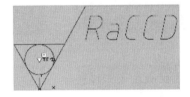

图 8.20 添加参数可见性对话框

(4)点击"可见性"面板上的可见性状态按钮，打开"可见性状态"对话框,如图 8.21(a)所示。利用新建、重命名等方式,建立三个可见性状态,如图 8.21(b)所示。

(1)在"可见性"面板中,下拉选择"去除材料"状态(图 8.22(a)),单击不可见按钮，命令行提示:"选择要隐藏的对象:",选择圆,块中圆被隐藏,如图 8.22(b)所示。同样操作方法,对"非去除材料"状态,隐藏左边顶线,如图 8.22(c)、图 8.22(d)所示;对"通用符号"状态,隐藏圆、两条顶线、文字,如图 8.22(e)、图 8.22(f)所示。

(2)单击关闭块编辑器按钮,并在询问对话框中选择将更改保存到粗糙度(s)按钮。

(3)测试动态块。插入"粗糙度"块后,单击块参照,看到块的夹点,左键单击夹点,出现相应状态,如图 8.23(a)所示,按需选择;或者选择块参照后,单击右键,选择"特性",打开"特性"选项板,选择自定义项,单击"可见性 1",看到下拉列表,列表中有三项选择,如图 8.23(b)所示,按需选择。

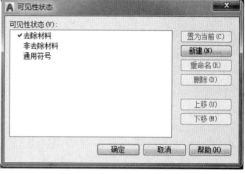

图 8.21　"可见性状态"对话框

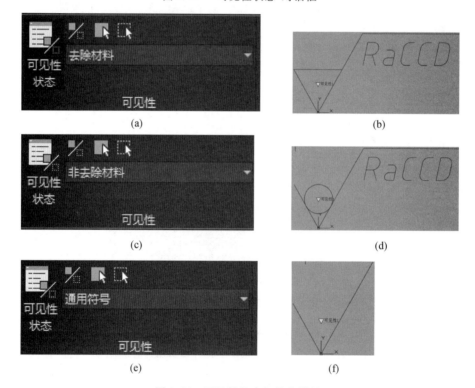

图 8.22　可见性状态切换和设置

图 8.23　测试动态块

练 习 题

1.试述属性块的作用与优点。

2.试述创建属性块的方法和步骤。

3.如何编辑块的属性？

4.创建一个剖切符号的块,有剖切符号、箭头等,如图 8.24 所示。绘制完成后,该图块只适合标注剖视图剖切位置的一侧,另一侧该如何标注呢？

5.创建一个基准符号的块,表示基准的字母定义为属性,如图 8.25 所示。在图 8.26中,要注出两处基准符号,可以在带属性块的基础上,创建动态块基准符号,实现不同位置的标注。

图 8.24　剖切符号　　　　　图 8.25　基准符号

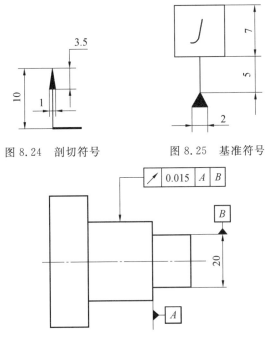

图 8.26　多基准标注

6.将图 8.27 学生绘图用标题栏创建为带属性的块(不标注尺寸)。将括号内的内容设置成可调整的属性。

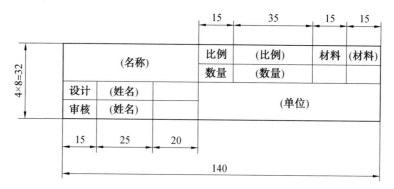

图 8.27　学生绘图用标题栏

第 9 章

工程制图综合应用——零件图绘制

机器或部件由零件组装而成。零件图是表达单个零件的工程图样,是制造和检验零件的主要依据。一张完整的零件图包括下列基本内容。

(1)一组视图。包括视图、剖视图、断面图和其他国家标准推荐的表达方法。

(2)完整的尺寸。零件图中应正确、完整、清晰、合理地标注零件在制造和检验时所需的全部尺寸。

(3)技术要求。零件在制造、检验和装配时所应达到的各项要求,主要包括表面粗糙度、尺寸、几何公差和热处理要求等。

(4)图纸格式和标题栏。标题栏中应包括零件名称、材料、数量、比例、设计、制图和审核人等设计制造信息。

本章将通过介绍综合运用前面章节所学绘图知识来绘制完整机械零件图的一般流程,结合运用机械工程 CAD 制图相关国家标准来练习机械样板图的创建。读者可进一步掌握绘制机械图所需的必要图层、常用的文字样式和尺寸标注样式的规范化设定,达到熟练地运用 AutoCAD 2021 的各种命令来绘制零件图。

9.1 样板图的创建(机械图绘图环境的初始化)

手工绘图时,设计人员首先要选定图幅,确定绘图比例,将图纸准备好,画图框和标题栏,然后才进行绘图的工作。使用 AutoCAD 绘制新的工程图时也存在类似的工作,需要做一些重复性的初始的设置工作。为提高绘图效率,AutoCAD 提供了样板图创建功能。所谓机械图样样板图的创建就是对绘制图形过程中的重复性的、相似的参数和符合机械图样和机械工程 CAD 制图国家标准的绘图环境进行设置,并将这些绘图参数保存在某个样板文件中。每次开始新的绘图时,可以通过调用该样板文件并直接利用所保存的绘图参数进行绘图,这样就可以避免许多重复性的工作,提高了绘图效率,同时又便于文件的调用、标注和图样的标准化。所以,AutoCAD 绘制部件装配图和零件图之前,需进行相关样板图的创建。下面将针对机械图样样板图的创建过程进行具体介绍。

9.1.1 AutoCAD 自带样板文件

AutoCAD 自带了部分以".dwt"为后缀的样板文件,存放在 AutoCAD 安装程序的 Template 文件夹中。其中,AutoCAD 基础样板图形文件有四个,分别如下所示。

(1)acadiso.dwt(公制)。含有"颜色相关"的打印样式。

(2)acad.dwt(英制)。含有"颜色相关"的打印样式。

(3)acadiso—named plot styles.dwt(公制)。含有"命名"的打印样式。

（4）acad—named plot styles.dwt（英制）。含有"命名"的打印样式。

9.1.2　机械图样样板图的创建内容及步骤

机械图样样板文件的创建需严格遵守机械制图国家标准的有关规定进行绘图环境、图层、基本样式、基本参数的设置。下面先就国家标准关于机械工程 CAD 制图规则做一简单介绍。

1.《机械工程　CAD 制图规则》(GB/T 14665—2012)

（1）图线组别。为便于机械工程 CAD 制图，将《技术制图　图线》(GB/T 17450—1998)中所规定的 8 种线型宽度分为以下几组，见表 9.1，绘图时一般优先采用第 4 组。

表 9.1　图线宽度

组别	1	2	3	4	5	一般用途
线宽 /mm	2.0	1.4	1.0	0.7	0.5	粗实线、粗点画线
	1.0	0.7	0.5	0.35	0.25	细实线、波浪线、双折线、虚线、细点画线、双点画线

（2）图线颜色。屏幕上显示的图线颜色，一般应按表 9.2 中提供的颜色显示，并要求相同类型的图线采用同样的颜色。

表 9.2　图线颜色

图线类型	屏幕上颜色	图线类型	屏幕上颜色
粗实线	白色	虚线	黄色
细实线	绿色	细点画线	红色
波浪线		粗点画线	棕色
双折线		双点画线	粉红

（3）字体相关规定。机械工程的 CAD 制图所使用的字体，应满足 GB/T 14691—2005 和 GB/T 18229—2000 的要求。数字和字母一般应以斜体输出，汉字一般用正体输出，并采用国家正式公布和推行的简化字。小数点和标点符号（除省略号和破折号为两个字位外）均为一个符号一个字位。字体与图纸幅面之间的选用关系见表 9.3。字体的最小字距、行距以及间隔线或基准线与书写字体之间的最小距离见表 9.4。关于 AutoCAD 文字的样式的讲述见第 6 章 6.1 节，常用的文字样式见表 6.1。

表 9.3　字号的选择

图纸幅面	A0	A1	A2	A3	A4
汉字、字母与数字	5			3.5	

表 9.4　文字间距

字体	最小距离	
汉字	字距	1.5
	行距	2
	间隔线或基准线与汉字的距离	1
字母与数字	字符	0.5
	字距	1.5
	行距	1
	间隔线或基准线与字母数字的间距	1

2.机械图样样板文件的内容

样板文件应包括以下内容。

(1)设置绘图环境。

(2)设置图层。

(3)设置文字样式。

(4)设置尺寸标注样式。

(5)绘制图框线。

(6)绘制标题栏。

(7)保存样板图。

3.创建机械图样样板图的步骤

下面以标准 A4 图幅为例,说明创建机械图样样板文件的一般方法及步骤。

(1)新建空白图形文件。使用默认的 acadiso.dwt 样板文件,或以"新建→无样板打开→公制"方式新建文件,作为初始模板文件。

(2)设置绘图单位和精度,控制绘图时长度和角度的显示格式和精度。根据第 3 章 3.1 节讲述的内容设置长度和角度的类型和精度。

(3)设置绘图边界。根据 A4 图纸幅面,设置绘图界限。若图纸横放,左下角点为(0,0),右上角点为(297,210)。可用 Zoom 命令 A(All)选项将绘图区域全部显示出来。

(4)设置常用的图层。根据 CAD 制图国家标准,参照表 5.1 所列图层的线型和颜色创建常用的图层,具体图层创建过程见第 5 章 5.2 节。另外,在图层创建过程中需注意以下事项。

①图层名可以更换为便于区别的其他名字,如"粗实线"可以命名为"csx"层。

②各层的线宽根据表 9.1 规定选取其中一组。

③各种线型的比例值可以根据显示情况进行适当的调整。

(5)设置工程图样标注所用的字体、字样及字号。根据 CAD 制图国家标准,分别用于尺寸标注,英、中文注写和标注(如技术要求、剖切平面名称、基准名称等)的三种字体,列于表 6.1。读者可参照表 6.1 所列的四种文字样式和相应的字体、字号规定建立常用的文字样式,具体文字样式的选择和创建过程见第 6 章 6.1 节。

(6)绘制图纸边界(外框)、图框(内框)和标题栏,用创建好的文字样式填写标题栏中的固定文字。标题栏可以以块的形式插入,具体见第 8 章练习题第 6 题。

(7)设置机械图样尺寸标注样式。AutoCAD 中缺省的尺寸标注样式为 ISO－25,不适合我国机械制图国家标准中有关尺寸标注的规定。因此,绘图前要先进行标注样式设置。

根据机械图样尺寸标注的需要,通常创建以下几种尺寸标注样式:机械图尺寸通用样式、只有一条尺寸界限的尺寸样式、非圆视图标注直径的尺寸样式、角度尺寸样式、直径/半径尺寸样式、公差－对称、公差－不对称等。具体设置过程参考第 7 章 7.2 节,此处不做赘述。

(8)绘图环境的高级初始化。用"选项"对话框修改系统的某些缺省配置选项,如圆弧显示精度、右键功能、线宽显示比例等,对绘图环境进行高级初始化;还可对常用的辅助绘图模式进行设置,包括栅格间距、对象追踪特征点、角增量等。具体设置过程参考第 1 章 1.5.7 节以及后续相关章节所述。

(9)保存样板图。用 QSAVE 命令,弹出"图形另存为"对话框,在保存类型下拉列表框中选择"图形样板文件(＊.dwt)"选项,在保存在下拉列表中选择"样板"(Template)文件夹。在文件名文字编辑框中输入样板图名称"A4 机械样板图"。单击保存按钮,弹出"样板说明"对话框,在其中输入一些特征性说明的文字,单击确定按钮,即把当前图形存储为 AutoCAD 系统中的样板文件。

(10)其他图幅样板图的创建。如果想创建 A3～A0 等其他图幅的样板图,可在 A4 样板图基础上快速创建。例如,要新建 A3 样板图,可单击快速工具栏新建按钮,打开"选择文件"对话框,文件类型选择"图形样板(＊.dwt)",从"Template"文件夹中选择已创建好的"A4 机械样板图"打开,则新图中包含"A4 机械样板图"的所有信息。这时通过 Limits 命令,输入右上角点坐标(420,297),图形界限就变为 A3 的图幅大小,但原边框、图框大小仍没改变。此时可用 Scale 编辑命令▣将它们(不包括标题栏)放大,方法是:选择对象时按住＜Shift＞键单选图形边框的 8 条边,指定比例因子时用"参照"选项,参照长度输入 297(长边)或 210(短边),新长度输入对应的 420 或 297,其他都不需改变。单击另存为,输入"A3 机械样板图"即完成了 A3 样板图的创建。

9.2 零件图的视图绘制

9.2.1 作图步骤

计算机绘制零件图与手工仪器作图不同,步骤如下。

(1)选定图幅比例等。用 AutoCAD 绘图时一般采用 1:1 的比例绘制,在打印输出时再调整打印比例。

(2)设置线型为中心线的图层为当前层,先画出重要位置线、对称线、中心线等基准线。

（3）根据"长对正、高平齐、宽相等"的制图规则，综合运用绘图命令、编辑命令及各种辅助作图方式，结合绘图技巧，画出所有图线。

（4）用设置好的尺寸标注样式，运用各尺寸标注命令标注尺寸。

（5）将常用符号或图形如表面程糙度、形位公基准代号、尺寸标注用的一些特殊符号等建成块，插入进来，标注在适当位置。

（6）用设置好的汉字字样，注写技术要求，填写标题栏。

（7）进行总体检查，修改必要的打印设置，以备绘图机、打印机输出。

9.2.2 作图方法与技巧

绘制零件图一般采用多个视图，视图之间、每个结构不同的视图上的投影也要保证对应关系，所以，利用"长对正"和"高平齐"作图，是一种通用方法。绘图过程要充分利用各类作图工具，如对象捕捉、极轴追踪、对象追踪、正交工具、图层管理、编辑命令、显示控制、构造线等命令，结合平时积累、总结绘图技巧，才能够快速、准确地绘制出图形。

以下通过对不同类型零件的零件图的绘制方法和技巧的介绍，让大家熟悉 AutoCAD 绘制零件图的过程。

1. 轴套类零件视图绘制实例

轴套类零件是机器中常见的一类零件，在机器中起着传递动力和支撑零件的作用，其各组成部分多是回转体。该类零件常带有轴肩、键槽、退刀槽和中心孔等结构，为便于装配，轴的两端有倒角。

轴套类零件的零件图一般包含一个主视图和几个辅助视图，如断面图和局部放大图等。主视图一般采用零件轴线水平放置的非圆视图，来表达零件的主要结构形状。断面图和局部放大图等用来表达轴上的键槽和退刀槽等附属结构。考虑到轴套类零件的主视图的对称特点，一种方法是利用直线命令、正交工具和对象追踪绘制等先画出主视图的一半，另一半镜像产生，然后再画圆角、倒角等细节。也可用偏移、修剪命令来绘制，通过直接输入偏移距离绘制，减少了计算环节。用这种方法画图时，要将轴分成几段来画，实行分段偏移，偏移后马上进行修剪，以防止偏移生成图线过多，最后修剪时过于混乱容易修剪错误。主视图画出以后，画断面图时，为了减少尺寸输入，可以先将断面图画在主视图内，再复制圆和键槽，最后再删除主视图内的圆。画局部放大图的方法是，从主视图中复制出要放大的图线，再用缩放命令将其放大，用样条曲线命令画波浪线，修剪完成作图。

【例 9.1】 绘制如图 9.1 所示的齿轮油泵主动齿轮轴零件的视图部分。

参考操作步骤如下。

（1）根据所绘零件的尺寸大小，调用已创建的 A4 样板图新建"主动齿轮轴. dwg"文件，按 1∶1 绘制零件图。

（2）打开捕捉模式，对象追踪。设定中心线层为当前图层，绘制中心线。如果中心线间距不符合要求，可打开"线型管理器"对话框，单击显示细节，调整全局比例因子。

（3）设定粗实线层为当前图层，打开正交模式。用直线命令给方向给距离方式绘制各轴段的轮廓线（图 9.2(a)）。

（4）使用镜像命令生成完整的主视图（图 9.2(b)）。

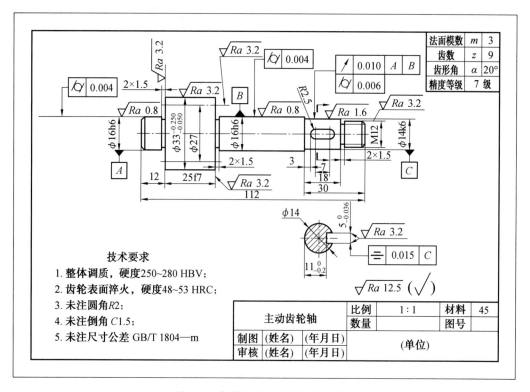

图 9.1　齿轮油泵主动齿轮轴零件图

（5）使用倒角、倒圆命令绘制倒角和圆角。选用合适图层，画齿轮分度圆点画线和轴头螺纹细实线。绘制键槽（图 9.2(c)）。在绘制过程中，若出现轮廓线断开等情况应及时修补。

（6）绘制断面图（图 9.2(d)）。完成视图绘制。

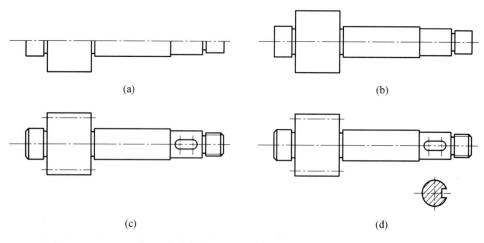

(a)

(b)

(c)

(d)

图 9.2　齿轮油泵主动齿轮轴零件图绘制过程

2.盘盖类零件视图绘制实例

盘盖类零件在机器中一般起到密封连接作用，由不同直径的同心圆柱体组成，形状呈盘状,周边常分布一些孔和槽等结构。

对盘盖类零件常采用主、左两个视图来进行表达。由于盘盖类零件上有各种孔和槽,因此其非圆视图一般采用复合剖视图来表达,需要标注剖切符号。画图时,常利用"高平齐"将主左视图同时画出,这样一方面可保证视图之间的对应关系,另一方面也可减少尺寸输入,提高作图效率。另外,由于盘盖类零件中圆和圆弧比较多,作图时多采用相切方式作圆及圆弧并进行修剪。

【例 9.2】 绘制如图 9.3 所示的齿轮油泵左端阀盖零件的视图。

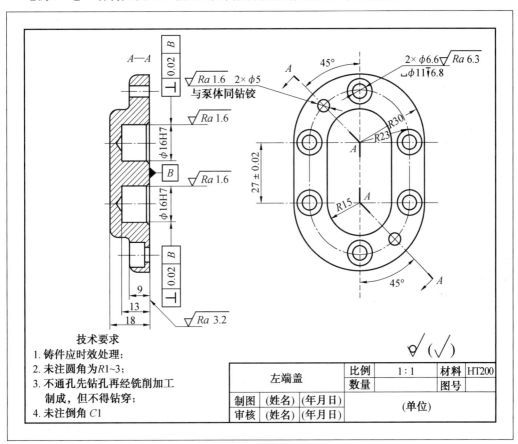

图 9.3　齿轮油泵阀盖零件图

参考操作步骤如下。

(1)根据所绘零件的尺寸大小,调用已创建的 A4 样板图新建"左端盖.dwg"文件,按1:1绘制零件图。

(2)从状态栏打开对象捕捉、极轴追踪及自动捕捉追踪。将中心线层设置为当前层。

(3)绘制基准线。先画左视图 R23 点画线长圆及中心线,再画主视图 27±0.02 两轴线(图 9.4(a))。

(4)绘制主、左视图的主要轮廓(图 9.4(b))。主视图绘制时,充分利用偏移和修剪命令。

(5)绘制主视图剖面线(图 9.4(c))。

(6)按照第 2 章练习题第 6 题要求画出剖切符号(图 9.4(d)),完成图形绘制。

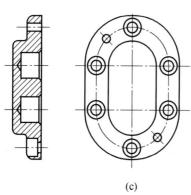

(a)   (b)

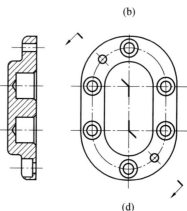

(c)   (d)

图 9.4   齿轮油泵左端阀盖零件图绘制过程

3.叉架类零件视图绘制实例

叉架类零件多为铸件加工而成,主要用于支撑、连接或夹持零件等,形状一般都比较复杂,但大体可以分为固定、工作、连接三部分,常用两个基本视图表达其形状结构,用断面图、斜视图或斜剖视图等辅助视图表达倾斜部分结构。画图时要先画主体再画细节,当用多个视图表示零件形状时,要注意利用"长对正、高平齐、宽相等"的投影规律作图,以减少尺寸输入。对于零件中的倾斜结构,一般应按水平或垂直位置画出,再将它们旋转到要求位置。当用多个视图表示零件形状时,不一定要从主视图画起,应当从反映主体端面实形的视图画起。

【例 9.3】 绘制如图 9.5 所示的托架零件的视图。

托架的绘图环境设置及绘制过程可参考例 9.1、例 9.2 两例,不做赘述。以下仅就托架主视图右下方 2×M8 螺纹孔相贯线的简化画法示例如下(图 9.6(a))。

(1)按照国家标准规定,内螺纹与孔的相贯线的简化画法,其相贯线按内螺纹的小径画出。

(2)打开细实线层。与螺纹孔相贯的光孔的尺寸为 $\phi35H9$,以 35/2 为半径,以肩点 A 为圆心(图 9.6(b)),选择圆心半径方式画圆,与螺纹轴线交于一点 B(图 9.6(b))。

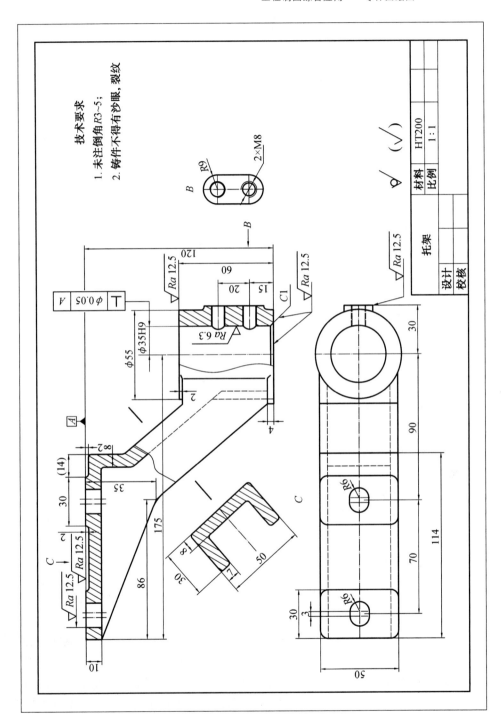

图 9.5　托架零件图

（3）打开粗实线层。选择圆心半径方式画圆，以 B 为圆心，以 35/2 为半径画圆（图 9.6(c)）。

（4）删除细实线圆，修剪粗实线圆，完成相贯线绘制（图 9.6(d)）。

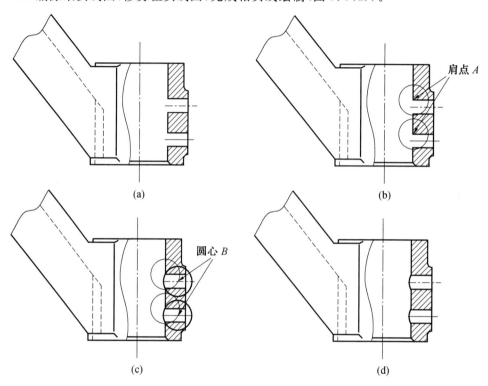

图 9.6　螺纹孔相贯线简化画法

4. 箱体类零件绘制实例

箱体类零件主要用于支撑、容纳、安装机器中的其他零件，零件上会有安装底板、安装孔和凸台、内腔和筋板等结构，因此是各类零件中最复杂的一种。画图前要做好形体分析，将整个零件划分为几个部分，然后以每一部分为基本单元，进行分析、作图、标注尺寸等。

该类零件一般需用多个视图表达，为减少尺寸输入，避免重复分析和计算尺寸，最好利用投影规律，以基本体为单元，将与该基本体有基本投影关系的视图一起画。画图时，先画主体，再画圆角和倒角等细节。另外，根据作图需要，适时关闭/打开相应的图层也是必须要掌握的技巧。例如，绘制剖面线以前要先关闭中心线层，以免中心线干扰选择填充边界；标注尺寸时要先关闭剖面线层，以免在剖面线影响端点的捕捉；对螺纹孔的剖视图填充剖面线时关闭细实线层，选择填充边界后再打开，可快速实现剖面线按照要求穿越螺纹小径线。

【例 9.4】　绘制如图 9.7 所示的齿轮油泵泵体视图。

具体作图方法读者可参考例 9.2。

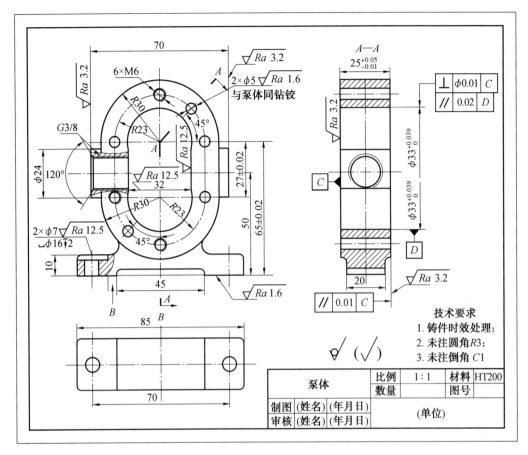

图 9.7 齿轮油泵泵体的零件图

9.2.3 零件图的编辑修改

视图绘制完毕后,一般还需要对图形进行修改,对图线进行整理。例如,个别的线段、尺寸等实体不在相应图层,或线型比例、标注样式不合适,中心线过短或超出图形过长,两条中心线相交不是画和画相交,等等。这些都属编辑、修改的范围。可以用以下方法进行图形编辑。

1. 用特性匹配功能进行编辑

特征匹配功能可把作为源实体的颜色、图层、线性、线性比例、线宽、文字样式、标注样式、剖面线等特性复制给其他实体。其用法与 Word 中格式刷的功能和用法相近,选中源实体后,单击面板中的图标 后去"刷"要修改的目标物体即可完成编辑。详见第 5 章 5.5 节。

2. 利用夹点功能进行快速编辑

夹点功能可以快速完成在绘图过程中常用的 STRETCH、MOVE、ROTATE、SCALE、MIRROR 等编辑命令的操作,快捷修改图形。使用方法是单击对象后,对出现的夹点直接进行拉伸、移动等编辑操作。具体应用见第 4 章 4.7 节。

3. 用"特性(PROPERTIES)"选项板全方位编辑修改

"特性(PROPERTIES)"选项板可以随时对任意单个或多个实体进行全方位编辑修改。具体设置使用参考第 5 章 5.4 节。

9.3   零件图上的尺寸标注与技术要求

9.3.1   尺寸标注

机械图样的尺寸标注要符合国家标准的要求,做到正确、完整、清晰、合理。尺寸标注前要对零件做形体分析,分析每一基本体,根据尺寸类型选择,运用已创建好的标注样式,标注其三个方向(或轴向、径向两方向)的定位尺寸和定形尺寸。标注完后进行统一整理,例如,用编辑标注文字命令调整尺寸数字、尺寸线的位置;用打断命令打断穿过尺寸数字的线段,调整中心线等。详见第 7 章。

9.3.2   技术要求的标注

零件图的技术要求主要包括:尺寸公差、表面粗糙度、形位公差、技术说明文字。

1. 尺寸公差标注

机械图中尺寸公差的标注可以采用三种不同的标注方法。具体的尺寸公差标注过程参考第 7 章 7.5.1 节。通过尺寸标注命令中的"多行文字(M)"或"文字(T)"选项,直接输入尺寸与公差值方式进行标注,比较方便。

2. 形位公差标注

形位公差一般由引线和公差框格组成。

AutoCAD 提供了一个专门标注形位公差的命令 ⊞⚊ ,但使用该命令需另外再添加指引线。因此在标注形位公差前需先设置多重引线样式,其详细设置参见第 7 章 7.4.1 节。零件图的绘制过程中一般需设置两种多重引线样式,一种是公差框格所用带箭头引线样式,其具体设置参数见表 9.5,另一种是需设置基准符号所用基准引线样式,其各选项参数设置与带箭头引线大致相同,只需把"引线格式"→"箭头符号"改为"实心基准三角形"即可。

另外一种比较方便的标注方法是直接用快速引线命令(QLEADER),同时标注出引线和形位公差。具体标注过程见第 7 章 7.5.2 节。

对于形位公差中的基准符号标法,可以参照表面粗糙度的标注方法,定义为图块或带属性的图块,插入到图中。

表 9.5　带箭头引线样式设置

对话框	选项卡	选项	选择或参数
引线样式:带箭头引线	引线格式	箭头符号	实心闭合
		符号大小	3.5
	引线结构	最大引线数	3
		第一段角度	0
		第二段角度	0
		自动包含基线	不选
		设置基线间距	0
	内容		无
		其他选项	默认值

提示如下。

①绘制基准符号时,横线的宽度约是粗实线宽度的两倍,可用多线段命令直接画成粗实线宽度两倍的直线;矩形框是细实线宽度。具体绘制过程见第 2 章例 2.5。

②基准符号中字母的字头始终向上,可将符号单独建块,再用单行文字命令输入基准字母,或定义多个带属性的基准符号。

3. 表面粗糙度标注

由于 AutoCAD 没有提供用于标注表面粗糙度的命令,用图块和图块属性是标注表面粗糙度的最有效方法,它需要综合运用图块的操作命令。具体可参考第 8 章。

4. 技术说明文字的标注

一般用多行文字命令选择设置好的文字样式进行标注,具体见第 6 章。

9.3.3　其他标注

其他标注包括孔的深度符号、锥度符号、斜度符号、剖切符号等,参考第 2 章练习题第 6 题将相关符号画出后插入对应位置。

【例 9.5】　对已完成视图绘制的齿轮油泵主动齿轮轴(图 9.1)标注尺寸和技术要求。

参考操作步骤如下。

(1)从"图层"选项板将"尺寸标注"层置为当前层。

(2)线性尺寸标注。从"注释"选项板选择预先设置好的文字样式"GB3.5"和标注样式"GB"。此类尺寸可用■命令直接标注。对退刀槽尺寸"2×1.5"可先标注,然后直接单击尺寸进行修改。标注完后如图 9.8(a)所示。

(3)直径尺寸标注。又可分为圆视图直径、半径尺寸和非圆视图直径尺寸。从"注释"选项板选择预先设置好的"直径""半径"和"非圆视图"标注样式进行标注。标注完成后如图 9.8(b)所示。

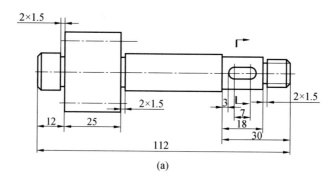

(a)

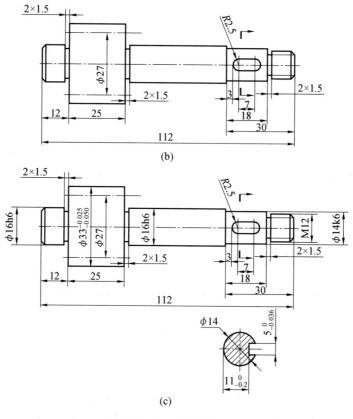

(b)

(c)

图 9.8　齿轮油泵主动齿轮轴的尺寸标注

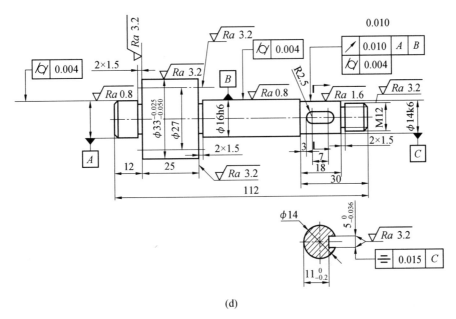

(d)

续图9.8

(4)尺寸公差标注。从图9.1看,该轴的尺寸公差可分为公差代号式尺寸公差和极限偏差式尺寸公差两类。可采用先标注再修改的方式快速进行标注。

①对极限偏差式尺寸公差,可用"文字编辑器"选项板进行编辑修改活动。例如,对尺寸$\phi 33^{-0.025}_{-0.050}$,可先用 ![icon] 进行标注,然后双击该尺寸打开"文字编辑器"选项板,在文本编辑框内输入:%%C33−0.025^−0.050,按下鼠标左键,拖黑−0.025^−0.050,如图9.9所示,单击堆叠/取消堆叠按钮 ![icon] ,即得所需样式。

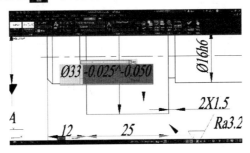

图9.9 极限偏差的标注

②对公差代号式尺寸公差,也可按上述操作进行(详见第7章)。

尺寸公差标注完成后如图9.8(c)所示。

(5)形位公差标注。可采用9.3.2节介绍方式标注。

(6)表面粗糙度标注。可采用插入块的方式标注,参考第8章。形位公差和粗糙度标注完成后如图9.8(d)所示。

(7)技术要求和标题栏的填写。使用多行文字命令,选择合适的文字样式进行填写。

练 习 题

1.画出主动轴零件图,如图 9.10 所示。

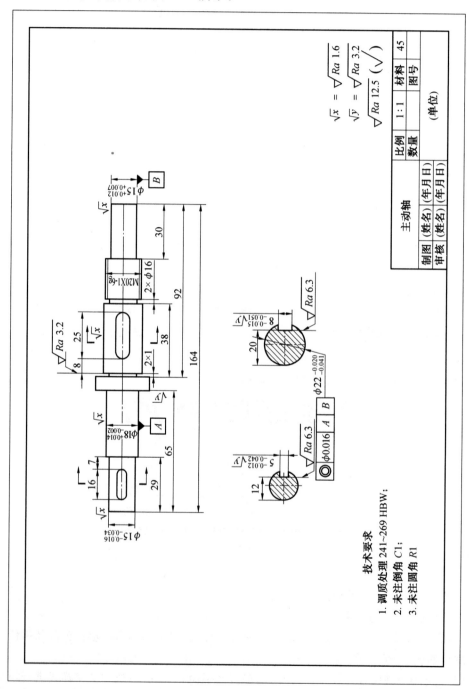

图 9.10　主动轴零件图

2.画出端盖零件图,如图 9.11 所示。

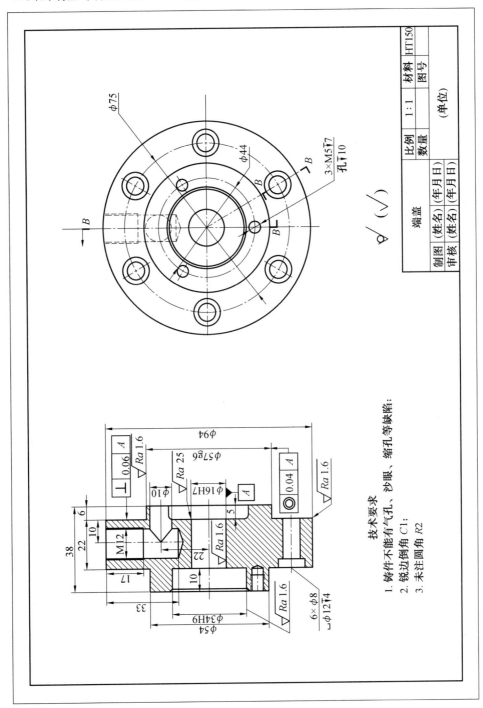

图 9.11 端盖零件图

3.画出托架零件图,如图 9.12 所示。

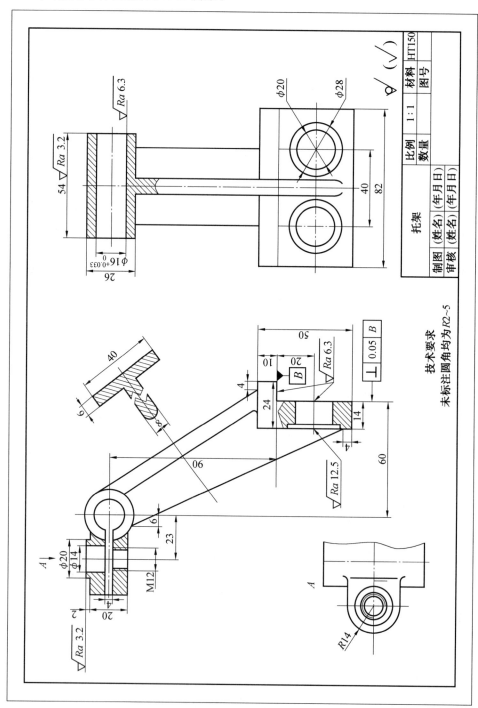

图 9.12　托架零件图

4.画出泵体零件图,如图 9.13 所示。

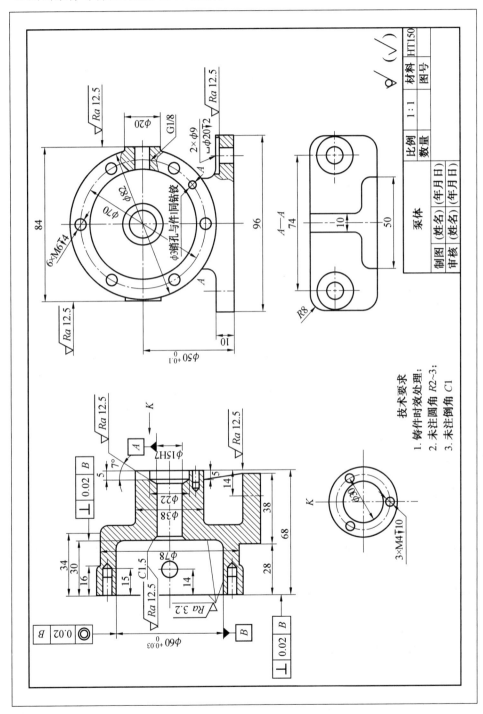

图 9.13 泵体零件图

第 10 章

工程制图综合应用——装配图绘制

机器或部件是由若干零件按一定的装配关系和技术要求组装而成。装配图是表达机器或部件的结构形状、工作原理和各零件间的装配连接关系等内容的图样。本章首先介绍装配图绘制的基础知识,然后通过装配图的绘制实例,介绍运用 AutoCAD 2021 绘制装配图的一般方法和步骤。

10.1　装配图的主要内容

一张完整的装配图,应包含以下内容。

(1)一组视图。

(2)必要尺寸。

(3)技术要求。

(4)零部件序号、明细栏和标题栏。

10.2　AutoCAD 绘制装配图的方法

装配图的绘制过程与零件图基本相似,同时又有其自身特点。使用 AutoCAD 绘图软件绘制装配图,一般有直接画法和拼画画法两种方法。

10.2.1　直接绘制装配图

对于一些简单的装配图,可按照手工画装配图的作图方法,依次绘制各组成零件在装配图中的投影视图,完成装配图的绘制。画图时,为方便作图,一般将不同的零件画在不同的图层上,以方便关闭或冻结某些图层,使图面简化。由于关闭或冻结的图层上的图线不能编辑,所以在进行移动等编辑操作以前,要先打开、解冻相应的图层。由于直接画法与前面绘制零件图的方法类似,此处不再涉及。

10.2.2　由零件图拼画装配图

拼装画法是先画出各个零件的零件图,再将零件图中的某个视图定义为图块文件或整体复制,用插入的方法拼装成装配图。它与手工绘制装配图方式完全不同,通过借助图形文件之间信息传递的方式,利用已经绘制完成的零件图,方便快捷地获得装配图。

由于零件在装配图中的表达与零件图不尽相同,通常,用已绘制好的零件图拼画装配图的步骤如下。

(1)由于装配图一般比较复杂,与手工画图时一样,画图前要先熟悉机器或部件的工作原理、零件的形状和连接关系等,以便选择合适的主辅视图,确定装配图的表达方案。

(2)根据视图数量和大小确定装配图的图幅。统一各零件的绘图比例,删除各零件图上标注的尺寸。并通过"复制""粘贴"方式,将已经修改好的所有零件图复制到新建的装配图文件中来。

(3)确定拼装顺序。在装配图中,一般处在同一条轴线上的各个零件组成一条装配干线。画装配图要以装配干线为单元进行拼装。当装配图中有多条装配干线时,先拼装主要装配干线,再拼装其他装配干线。同一装配干线上的零件,按定位关系确定拼装顺序。

(4)从每个零件图中选取画装配图时需要的若干视图,根据装配图的表达需要,改变零件视图表达方法,如把零件图中的全剖视改为装配图中所需的局部剖视等。将零件图中的相应视图分别定义为图块文件或附属图块,或通过右键快捷菜单中的带基点复制命令,将它们转换为带基点的图形块,以便快速拼装。定义图块时必须要选择合适的定位基准,以便插入时快速辅助定位。

(5)分析装配图中各视图中零件的遮挡关系,对要拼装的图块或视图进行细化、修改,或边拼装边修改。如果拼装的图形不太复杂,可在拼装之后,确定不再移动各个图块的位置时,把图块分解,统一进行修剪、整理。由于在装配图中一般不画虚线,画图以前要尽量分析详尽,分清各零件之间的遮挡关系,剪掉被遮挡的图线。

(6)检查错误、修改图形。

①检查错误主要包括以下方面。

a.查看定位是否正确。逐个局部放大显示零件的各连接部位,查看定位是否正确。

b.查看修剪结果是否正确。在插入零件的过程中,随着插入图形的增多,以前被修改过的零件视图,可能又被新插入的零件视图遮挡,需要重新修剪,有时由于考虑不周或操作失误,也会造成修剪错误。这些都需要仔细检查、周密考虑。

②修改插入的零件的视图主要包括以下方面。

a.调整零件表达方案。由于零件图和装配图表达的侧重点不同,两种图样中对同一零件的表达方法不可能完全相同,要适时调整某些零件的表达方法,以适应装配图的要求。例如,改变零件图视图中的剖切范围,添加或去除重合断面图等。

b.修改剖面线。画零件图时,一般不会考虑零件在装配图中对剖面线的要求。所以,建块时如果关闭了"剖面线"图层,此时只要按照装配图对剖面线的要求重新填充;如果没关闭图层,将剖面线的填充信息已经带进来,则要注意修改以下位置的剖面线:螺纹连接处的剖面线要调整填充区域,相邻的两个或多个剖切到的零件要统筹调整剖面线的间隔或倾斜方向,以适应装配图的要求。

c.修改螺纹连接处的图线。根据内、外螺纹及连接段的画法规定,修改各段图线。

d.调整重叠的图线。插入零件以后,会有许多重叠的图线。例如,当中心线重叠时,显示或打印的结果将不是中心线,而是实线,所以调整很有必要。装配图中几乎所有的中心线都要做类似调整,调整的办法可以采用关闭相关图层,删除或使用夹点编辑多余图线。

(7)通盘布局、调整视图位置。布置视图要通盘考虑,使各个视图既要充分、合理地利用空间,又要在图面上分布恰当、均匀,还要兼顾尺寸、零部件序号、填写技术要求、绘制标题栏和明细表的填写空间。要充分发挥计算机绘图的优越性,随时调用移动命令,反复进行调整。布置视图前,要打开所有的图层;为保证视图间的对应关系,移动时打开"正交""对象捕捉""对象追踪"等辅助模式。

(8)标注尺寸和技术要求。标注尺寸和技术要求的方法与零件图相同,只是内容各有侧重。

(9)标注零件序号、填写标题栏和明细表。标注零件序号有多种形式,用快速引线命令可以很方便地标注零件的序号。为保证序号整齐排列,可以画辅助线,再按照辅助线位置,通过夹点快速调整序号上方的水平线位置及序号的位置。

10.3　装配图绘制实例

用已绘制完成的齿轮油泵的零件图,按照装配示意图(图 10.1),拼画出齿轮油泵的装配图。

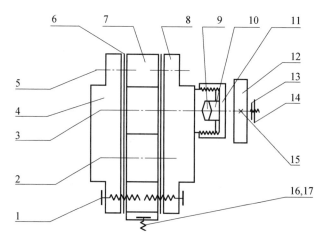

图 10.1　齿轮油泵装配示意图

1—螺钉 M6;2—从动齿轮轴;3—主动齿轮轴;4—左泵盖;5—销;6—纸垫;
7—泵体;8—右泵盖;9—密封圈;10—轴套;11—压紧螺母;12—传动齿轮;
13—垫圈;14—螺母 M12;15—键;16—螺栓 M6;17—螺母 M6

要求:A3 图幅,比例:1∶1。主动齿轮轴、左泵盖和泵体的零件图分别如图 9.1、图 9.3 和图 9.7 所示,标准件零件图查表绘制,其他零件图参见图 10.2~10.5。

齿轮油泵装配图绘制的参考步骤如下。

(1)确定装配图表达方案。根据装配图示意图 10.1,考虑油泵的结构形状,工作原理及零件间的装配关系,油泵装配图采用主、左两个视图进行表达。主视图采用非圆视图,传动齿轮放在右侧,全剖视的表达方法,主视图上的主动齿轮轴和从动齿轮轴采用局部剖视来表达齿轮轮齿的结构和两齿轮啮合区的结构。左视图为圆视图,采用半剖视同时来表达油泵的外部形状和内部结构,同时用局部剖视来表达非密封管螺纹孔的结构形状。

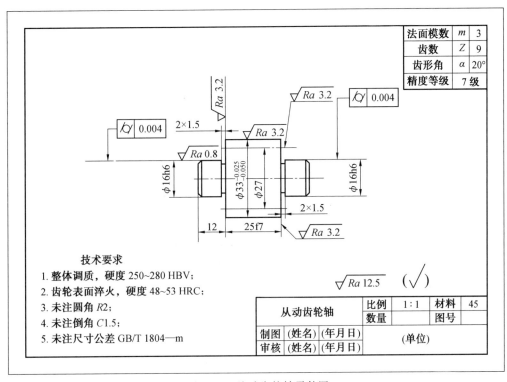

法面模数	m	3
齿数	Z	9
齿形角	α	20°
精度等级		7级

技术要求
1. 整体调质，硬度 250~280 HBV；
2. 齿轮表面淬火，硬度 48~53 HRC；
3. 未注圆角 R2；
4. 未注倒角 C1.5；
5. 未注尺寸公差 GB/T 1804—m

从动齿轮轴		比例	1:1	材料	45
		数量		图号	
制图	(姓名)	(年月日)		(单位)	
审核	(姓名)	(年月日)			

图 10.2 从动齿轮轴零件图

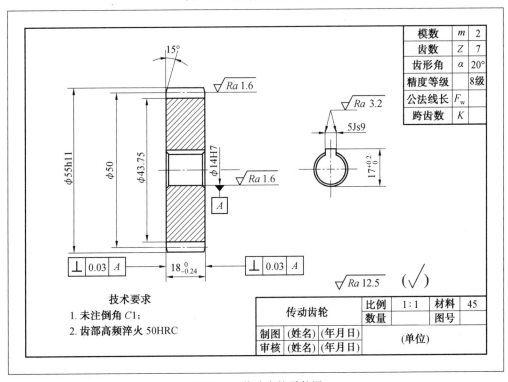

模数	m	2
齿数	Z	7
齿形角	α	20°
精度等级		8级
公法线长	F_w	
跨齿数	K	

技术要求
1. 未注倒角 C1；
2. 齿部高频淬火 50HRC

传动齿轮		比例	1:1	材料	45
		数量		图号	
制图	(姓名)	(年月日)		(单位)	
审核	(姓名)	(年月日)			

图 10.3 传动齿轮零件图

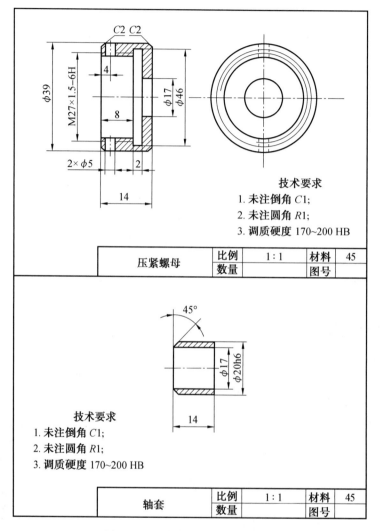

图 10.4 压紧螺母和轴套零件图

（2）用 NEW 命令，打开"选择文件"对话框，从样板库中选择已经建好的"A3 样板图"文件新建一张图（详见第 9 章）。用另存为命令指定路径保存该图，图名为"齿轮油泵装配图"。

（3）设文字图层为当前层，绘制明细栏。具体过程可参考第 6 章例 6.4。

（4）根据装配图示意图明细表中螺钉、垫圈等标准件的标记，按装配图表达方案的需要画出其相关视图备用。

（5）打开油泵的各零件图，复制各零件图中的图形，切换到"齿轮油泵装配图"文件，用粘贴命令，粘贴到图形边框的外围，然后删除各图形中的尺寸、技术要求和剖面线。根据步骤（1）确定的表达方案，将主动齿轮轴的主视图（图 10.6(a)）、从动齿轮轴的主视图（图 10.6(h)）、左泵盖的主视图（图 10.6(c)）和左视图的左半部分（图 10.6(f)）、右泵盖的左视图（图 10.6(e)）、泵体主视图（图 10.6(d)）和左视图（图 10.6(g)）、压紧螺母的主视图（图 10.6(i)）、轴套的主视图（图 10.6(b)）和传动齿轮的主视图（图 10.6(j)）修改成装配

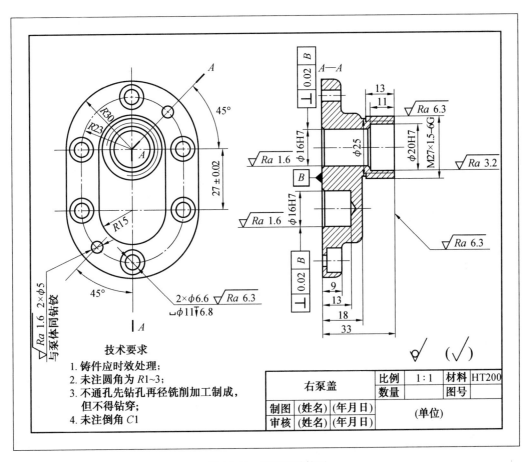

图 10.5 右泵盖零件图

图中的形式备用。修改过程中,各零件图视图要按装配图的样式修改,例如,主动和从动齿轮轴轮齿要画局部剖视图。各零件视图上的倒角和圆角等酌情删除,如图 10.6 所示。

(6)插入拼画装配图。

①拼画主视图。根据步骤(1)确定的主视图表达方案,先将泵体的左视图移动插入到图框中的左侧合适位置,然后分别将左泵盖的主视图、右泵盖的左视图、主动和从动齿轮轴的主视图和传动齿轮的主视图确定合适的插入点,使用带基点移动命令插入,基点要选插入图形时起定位作用的关键点,以便拼装插入时定位。

②拼画左视图。根据图 10.7 装配图的左视图,先将泵体的主视图的左半部分和左泵盖左视图的右半部分插入对接在一起。

③绘制主从动齿轮轴的左视图。

④插入或绘制标准件的主、左视图。

(7)判断各零件插入后的遮挡关系,修剪掉被遮挡住的图线。

(8)通过对象追踪移动图形,主、左视图保持高平齐,并留足标注尺寸和序号的地方,整个装配图布局匀称、合理。

(9)设尺寸标注图层为当前图层,标注必要尺寸,绘制剖切符号和视图名称,填写技术

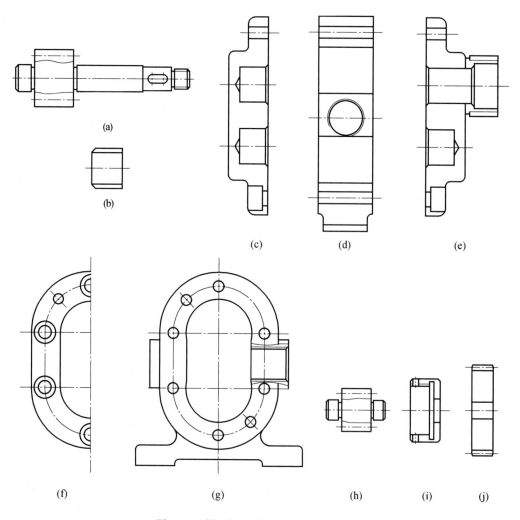

(a)

(b)

(c)　　　　(d)　　　　(e)

(f)　　　　　　(g)　　　　　(h)　　(i)　　(j)

图 10.6　拼画插入前各零件视图的修改

要求等信息。

　　(10)设剖面线图层为当前图层。分别填充装配图中各零件的剖面线,填充过程中注意调整剖面线的间隔和倾斜角度以区分不同零件。

　　(11)设文字图层为当前图层,绘制零件序号,填写明细栏。注写图中其他文字。画零件序号时先画所有横线,再画各引线,再画引线末端圆点,最后注写编号。

　　(12)检查、修正、保存,完成绘制。绘制完成后的齿轮油泵装配图如图 10.7 所示。

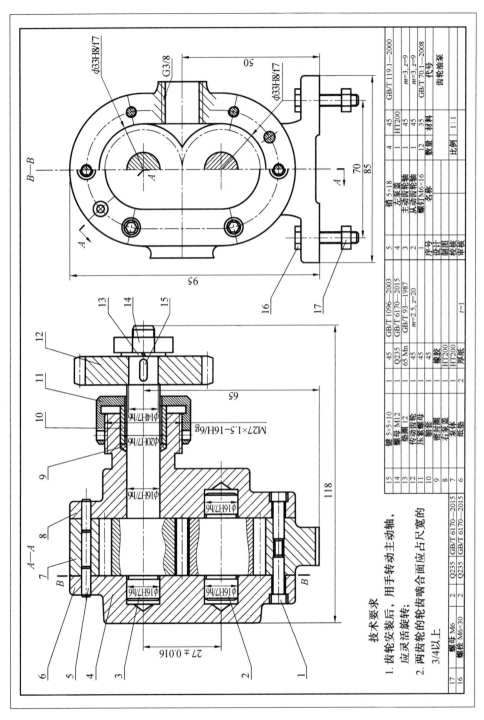

图 10.7　齿轮油泵装配图

练　习　题

根据图 10.8～10.10 中给出的零件图,先抄画出组成铣刀头的零件图,然后参考给出的装配图(图 10.11),拼画铣刀头的装配图。

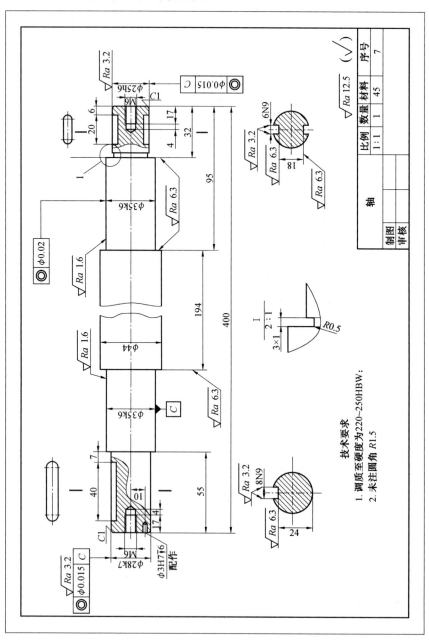

图 10.8　铣刀头主轴零件图

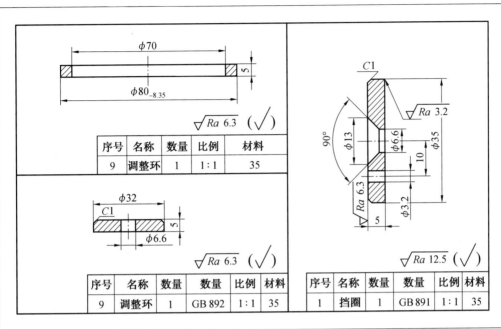

序号	名称	数量	比例	材料
9	调整环	1	1:1	35

序号	名称	数量	数量	比例	材料
9	调整环	1	GB 892	1:1	35

序号	名称	数量	数量	比例	材料
1	挡圈	1	GB 891	1:1	35

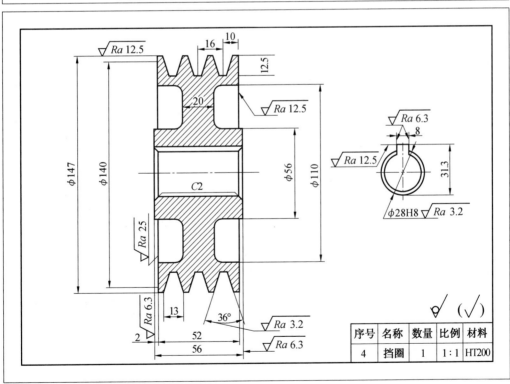

序号	名称	数量	比例	材料
4	挡圈	1	1:1	HT200

图 10.9　铣刀头其他零件图

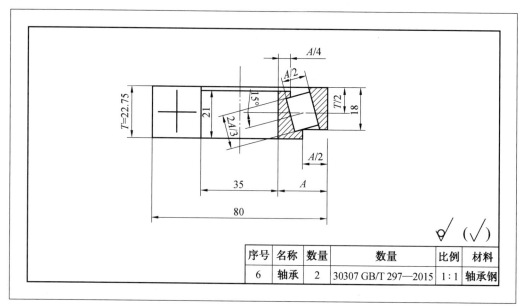

序号	名称	数量	数量	比例	材料
6	轴承	2	30307 GB/T 297—2015	1:1	轴承钢

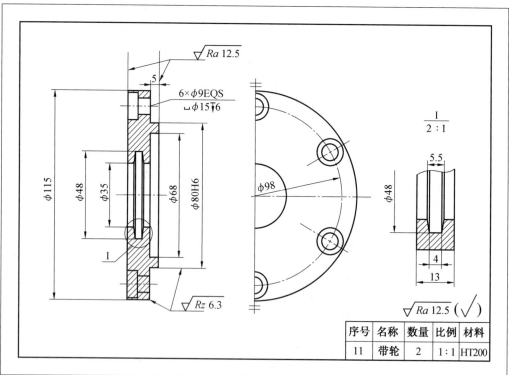

序号	名称	数量	比例	材料
11	带轮	2	1:1	HT200

续图 10.9

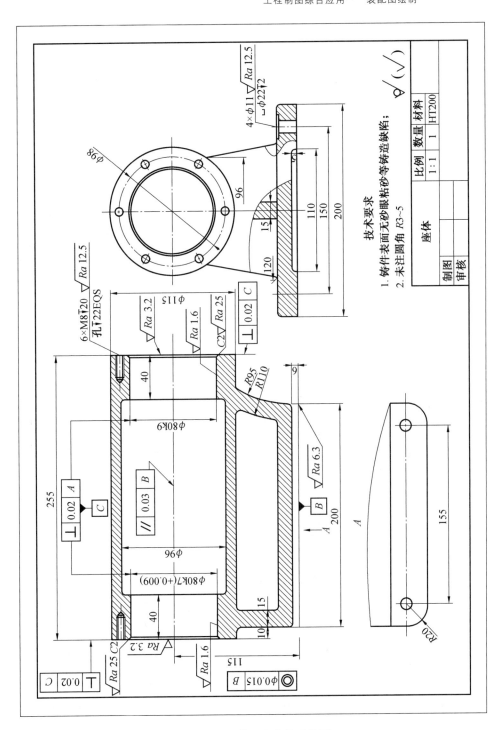

图 10.10　铣刀头座体零件图

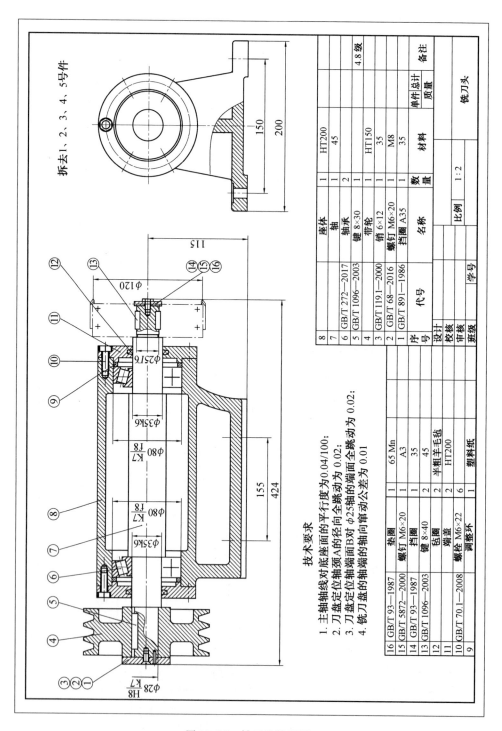

图 10.11　铣刀头装配图

参 考 文 献

[1] 曾令宜. AutoCAD 2000 工程绘图教程[M]. 北京:高等教育出版社,2003.

[2] 吴卓,王建勇. AutoCAD 2014 机械制图[M]. 北京:机械工业出版社,2015.

[3] 潘苏蓉,韦杰. AutoCAD 2016 基础教程及应用实例[M]. 北京:机械工业出版社,

2019.